21 世纪高等院校电气工程与自动化规划教材

21 century institutions of higher learning materials of Electrical Engineering and Automation Planning

Experiment of Electrical and Electronic Engineering

电工与电子技术实验指导

张锋 主编

人民邮电出版社

北京

图书在版编目（CIP）数据

电工与电子技术实验指导 / 张锋主编. -- 北京：
人民邮电出版社，2014.2（2016.8 重印）
21世纪高等院校电气工程与自动化规划教材
ISBN 978-7-115-33683-5

Ⅰ．①电… Ⅱ．①张… Ⅲ．①电工技术－实验－高等
学校－教材②电子技术－实验－高等学校－教材 Ⅳ．
①TM-33②TN-33

中国版本图书馆CIP数据核字(2013)第317836号

内 容 提 要

　　本书为电工与电子技术课程的配套实验指导教材，是根据普通高等院校电工与电子技术课程的相关设置，综合考虑不同院校的实验设备而编写的。具体实验内容包括电工技术、电路、模拟电子技术、数字电子技术实验环节和综合设计性实验。实验教师可根据学时多少，内容深浅自由选择，以满足不同专业、不同层次的学生的要求，同时为学生进行开放性实验和个性培养创造条件。

　　本书可作为普通高等院校非电类专业相关课程配套教材，也可供部分从业者参考。

　◆　主　编　张　锋
　　　责任编辑　李海涛
　　　责任印制　彭志环　杨林杰

　◆　人民邮电出版社出版发行　　北京市丰台区成寿寺路 11 号
　　　邮编　100164　电子邮件　315@ptpress.com.cn
　　　网址　http://www.ptpress.com.cn
　　　北京九州迅驰传媒文化有限公司印刷

　◆　开本：787×1092　1/16
　　　印张：9　　　　　　　　　　2014 年 2 月第 1 版
　　　字数：219 千字　　　　　　　2016 年 8 月北京第 3 次印刷

定价：25.00 元
读者服务热线：(010)81055410　印装质量热线：(010)81055316
反盗版热线：(010)81055315

　　培养实验能力和实际技能是高等工科院校教育的重要内容之一。实验能帮助学生验证、消化和巩固基本理论，让他们获得实验技能和科学研究方法，并运用所学知识处理实际问题。电工学是工科非电类专业的必修课程，培养工科学生在电工电子方面的技能。

　　本书内容覆盖面较广，包括测量知识、常用实验仪器仪表、Mulitsim 电路仿真软件以及实验注意事项等。具体实验内容包括电工技术、电路、模拟电子技术、数字电子技术实验环节和综合设计性实验。实验教师可根据学时多少，内容深浅自由选择，以满足不同专业、不同层次的学生的要求，同时为学生进行开放性实验和个性培养创造条件。

　　本书内容的安排基本与秦曾煌先生的《电工学》上、下册的内容相配合，根据其实验性质分为验证性实验、综合性实验和设计性实验。其中，验证性实验主要有利于学生验证电路理论中的一些重要基本概念和基本理论，熟悉电工电子测量中的部分基本仪器仪表，掌握一些基本的测试方法。综合性实验的实验内容涉及本课程相关综合知识，主要培养学生综合运用知识和分析实验结果的能力。设计性实验是培养学生在对基本知识熟练掌握的情况下，独立完成设计任务的能力。

　　本书是在电工学实验指导书的基础上进行修订和改编的，在此向为指导书付出了辛勤劳动的各位老师表示感谢。

　　本书的编写工作主要由电工电子实验中心的老师完成，参与编写的有唐钰、雷芳、李沁雪、马远佳、曹灿云等老师以及电工学课程组、电子技术课程组的其他老师。

　　由于编者学识有限，书中不妥之处在所难免，恳请使用或参考本书的老师、学生给予批评指正。

编　者

2013 年 10 月

目　　录

第一部分　电工学实验须知

一、实验的目的和要求

实验是电工学课程重要的实践性教学环节，实验的目的不仅要帮助学生巩固和加深理解所学的知识，更重要的是训练学生的实验技能，使其学会独立进行实验，并树立工程实际观点和严谨的科学作风。

对学生实验技能训练的具体要求如下。

1. 能正确使用常用的电工仪器、电工设备及常用电子仪器。
2. 能按电路图正确接线和查线。
3. 学习查阅手册，对常用的电子元器件具有使用的基本知识。
4. 能准确读取实验数据，观察实验现象，测绘波形曲线。
5. 能整理分析实验数据，独立写出完整、条理清楚、整洁的实验报告。

二、实验前学生应做的准备工作

1. 认真阅读实验指导书，明确实验目的，理解相关实验原理，熟悉实验电路内容步骤以及实验中的注意事项。
2. 完成实验指导书中有关预习要求的内容。
3. 做好数据记录表格等准备工作。

三、实验总结报告的要求

一律用学校规定的实验报告纸认真书写实验报告。实验报告的具体内容如下。

1. 实验目的。
2. 实验原理电路图及主要仪器设备的型号规格。
3. 课前完成的预习内容：指导书所要求的理论计算、回答问题、设计记录表格等。
4. 实验数据及处理：根据实验原始记录，整理实验数据，并按指导书要求加以必要处理。
5. 实验总结：完成指导书要求的总结、问题讨论及心得体会，如有曲线应用坐标纸绘出。

四、实验规则

1. 严禁带电接线、拆线或改接线路。

2. 接线完毕后，要认真复查，确信无误后，经教师检查同意，方可接通电源进行实验。

3. 实验过程中如果发生事故，应立即关断电源，保持现场，报告老师。

4. 实验完毕后，先由本人检查实验数据是否符合要求，再请老师检查，经老师认可后拆线，并将实验器材整理好。

5. 室内仪器设备不准任意搬动调换，非本次实验所用的仪器设备，未经老师允许不得动用。没有弄懂仪表、仪器及设备的使用方法前，不得贸然使用。若损坏仪器设备，必须立即报告老师，作书面检查，责任事故要酌情赔偿。

6. 实验要严肃认真，保持安静、整洁的学习环境。

实验一　用电安全与急救

电力安全标志

我国 GB16179—1996《安全标志使用导则》规定了在容易发生事故或危险性较大的场所安全标志设置原则，并列出了所有安全标志。与电力安全有关的有 35 种主要标志，辅助标志由地方有关部门根据需要设计制作。经常用到的安全标志图形如图 2-1-1 所示。

禁止吸烟　　禁止使用　　禁止堆放易　　禁止启动　　禁止用水
标志　　　明火标志　　燃物标志　　　标志　　　救火标志

禁止合闸　　禁止靠近　　注意安全　　当心触电　　当心电缆
标志　　　标志　　　标志　　　标志　　　标志

图 2-1-1　常见安全标志图

安全用电包括供电系统的安全、用电设备的安全及人身安全三个方面，它们之间又是紧密联系的。供电系统的故障可能导致用电设备的损坏或人身伤亡事故，而用电事故也可能导致局部或大范围停电，甚至造成严重的社会灾难。

第一节　安全用电知识

在用电过程中，必须特别注意电气安全，稍有麻痹或疏忽，就可能导致严重的人身触电事故，或者引起火灾甚至爆炸，给国家和人民造成极大的损失。

一、安全电压

交流工频安全电压的上限值，在任何情况下，两导体间或任一导体与地之间都不得超过

50V。我国的安全电压的额定值为 42V、36V、24V、12V、6V。如手提照明灯、危险环境的携带式电动工具，应采用 36V 安全电压，金属容器内、隧道内、矿井内等工作场合，狭窄、行动不便及周围有大面积接地导体的环境，应采用 24V 或 12V 安全电压，以防止因触电而造成的人身伤害。

二、安全距离

为了保证电气工作人员在电气设备运行操作、维护检修时不致误碰带电体，规定了工作人员离带电体的安全距离；为了保证电气设备在正常运行时不会出现击穿短路事故，规定了带电体离附近接地物体和不同相带电体之间的最小距离。安全距离主要有以下几方面。

1．设备带电部分到接地部分和设备不同相部分之间的距离。
2．设备带电部分到各种遮拦间的安全距离。
3．无遮拦裸导体到地面间的安全距离。
4．电气工作人员在设备维修时与设备带电部分间的安全距离。

第二节　电工安全操作知识

（1）在进行电工安装与维修操作时，必须严格遵守各种安全操作规程，不得玩忽失职。
（2）进行电工操作时，要严格遵守停、送电操作规定，切实做好突然送电的各项安全措施，不准进行约时送电。
（3）在邻近带电部分进行电工操作时，一定要保持可靠的安全距离。
（4）严禁采用一线一地、两线一地、三线一地（指大地）安装用电设备。
（5）在一个插座或灯座上不可引接功率过大的用电设备。
（6）不可用潮湿的手去触及开关、插座和灯座等用电装置，更不可用湿抹布去揩抹电气装置和用电器具。
（7）操作工具的绝缘手柄、绝缘鞋和手套的绝缘必须性能良好，并作定期检查。登高工具必须牢固可靠，也应作定期检查。
（8）在潮湿环境中使用移动电器时，一定要采用 36V 安全低压电源。在金属容器内（如锅炉、蒸发器或管道等）使用移动电器时，必须采用 12V 安全电源，并有人在容器外监护。
（9）发现有人触电，应立即断开电源，采取正确的抢救措施抢救触电者。

第三节　触电的危害性与急救

人体是导电体，一旦有电流通过，将会受到不同程度的伤害。由于触电的种类、方式及条件的不同，受伤害的后果也不一样。

一、触电的种类

人体触电有电击和电伤两类。
（1）电击是指电流通过人体时所造成的内伤。它可以使肌肉抽搐，内部组织损伤，造成发热发麻，神经麻痹等。严重时将引起昏迷、窒息，甚至心脏停止跳动而死亡。通常说的触电就是电击。触电死亡大部分由电击造成。

（2）电伤是指电流的热效应、化学效应、机械效应以及电流本身作用下造成的人体外伤。常见的有烧伤、烙伤、皮肤金属化和电光眼等现象。

① 电烧伤，是电流的热效应造成的伤害。

② 电烙伤，是在人体与带电体接触的部位留下的永久性斑痕。斑痕处皮肤失去原有弹性、色泽，表皮坏死，失去知觉。

③ 皮肤金属化，是在电弧高温的作用下，金属熔化、汽化，金属微粒渗入皮肤，使皮肤粗糙而张紧的伤害。皮肤金属化多与电弧烧伤同时发生。

④ 电光眼，是发生弧光放电时，红外线、可见光、紫外线对眼睛的伤害。

二、触电形式

1. 单相触电

单相触电是常见的触电方式。人体的某一部位接触带电体的同时，另一部位又与大地或中性线相接，电流从带电体流经人体到大地（或中性线）形成回路，如图 2-1-2 所示。

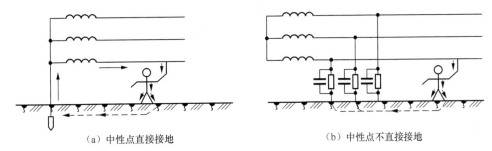

（a）中性点直接接地　　　　　　　（b）中性点不直接接地

图 2-1-2　单相触电

2. 两相触电

两相触电是指人体的不同部位同时接触两相电源时造成的触电，如图 2-1-3 所示。对于这种情况，无论电网中性点是否接地，人体所承受的线电压将比单相触电时高，危险更大。

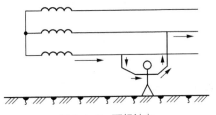

图 2-1-3　两相触电

3. 跨步电压触电

对于外壳接地的电气设备，当绝缘损坏而使外壳带电，或导线断落发生单相接地故障时，电流由设备外壳经接地线、接地体（或由断落导线经接地点）流入大地，向四周扩散。如果此时人站立在设备附近地面上，两脚之间也会承受一定的电压，称为跨步电压。跨步电压的大小与接地电流、土壤电阻率、设备接地电阻及人体位置有关。当接地电流较大时，跨步电压会超过允许值，发生人身触电事故。特别是在发生高压接地故障或雷击时，会产生很高的跨步电压，如图 2-1-4 所示。跨步电压触电也是危险性较大的一种触电方式。

除以上三种触电形式外，还有感应电压触电、剩余电荷触电等，此处就不作介绍。

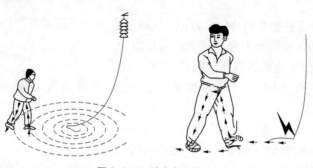

图 2-1-4　跨步电压触电

三、影响电流对人体危害程度的主要因素

电流对人体伤害的严重程度与通过人体电流的大小、频率、持续时间、通过人体的路径及人体电阻的大小等多种因素有关。不同电流对人体的影响见表 2-1-1。

表 2-1-1　　　　　　　　　　不同电流对人体的影响

电流/mA	通电时间	工频电流 人体反应	直流电流 人体反应
0～0.5	连续通电	无感觉	无感觉
0.5～5	连续通电	有麻刺感	无感觉
5～10	数分钟以内	痉挛、剧痛、但可摆脱电源	有针刺感、压迫感及灼热感
10～30	数分钟以内	迅速麻痹、呼吸困难、血压升高不能摆脱电流	压痛、刺痛、灼热感强烈，并伴有抽筋
30～50	数秒钟到数分钟	心跳不规则、昏迷、强烈痉挛、心脏开始颤动	感觉强烈，剧痛，并伴有抽筋
50～数百	低于心脏搏动周期	感受强烈冲击，但未发生心室颤动	剧痛、强烈痉挛、呼吸困难或麻痹
	高于心脏周期	昏迷、心室颤动、麻痹、心脏麻痹	

1．电流大小

通过人体的电流越大，人体的生理反应就越明显，感应越强烈，引起心室颤动所需的时间越短，致命的危险越大。

对于工频交流电，按照通过人体电流的大小和人体所呈现的不同状态，电流大致分为下列三种。

（1）感觉电流：是指引起人体感觉的最小电流。实验表明，成年男性的平均感觉电流约为 1.1mA，成年女性为 0.7mA。感觉电流不会对人体造成伤害，但电流增大时，人体反应变得强烈，可能造成坠落等间接事故。

（2）摆脱电流：是指人体触电后能自主摆脱电源的最大电流。实验表明，成年男性的平均摆脱电流约为 16mA，成年女性约为 10mA。

（3）致命电流：是指在较短的时间内危及生命的最小电流。实验表明，当通过人体的电流达到 50mA 以上时，心脏会停止跳动，可能导致死亡。

2．电流频率

一般认为 40～60Hz 的交流电对人体最危险。随着频率的增高，危险性将降低。高频电流不仅不伤害人体，还能治病。

3．通电时间

随着通电时间加长，电流使人体发热和人体组织的电解液成分增加，导致人体电阻降低，通过人体的电流增加，触电的危险亦随之增加。

4．电流路径

电流通过头部可使人昏迷；通过脊髓可能导致瘫痪；通过心脏会造成心跳停止，血液循环中断；通过呼吸系统会造成窒息。因此，从左手到胸部是最危险的电流路径，从手到手、从手到脚也是很危险的电流路径，从脚到脚是危险性较小的电流路径。

四、触电急救

触电急救的要点是动作迅速，救护得法，切不可惊慌失措、束手无策。

1．首先要尽快地使触电者脱离电源

人触电以后，可能由于痉挛或失去知觉等原因而紧抓带电体，不能自行摆脱电源。这时，使触电者尽快脱离电源是救护触电者的首要因素。

（1）低压触电事故 对于低压触电事故，可采用下列方法使触电者脱离电源。

① 触电地点附近有电源开关或插头，可立即断开开关或拔掉电源插头，切断电源。

② 电源开关远离触电地点，可用有绝缘柄的电工钳或干燥木柄的斧头分相切断电线，断开电源；或将干木板等绝缘物插入触电者身下，以隔断电流。

③ 电线搭落在触电者身上或被压在身下时，可用干燥的衣服、手套、绳索、木板、木棒等绝缘物作为工具，拉开触电者或挑开电线，使触电者脱离电源。

（2）高压触电事故 对于高压触电事故，可以采用下列方法使触电者脱离电源。

① 立即通知有关部门停电。

② 戴上绝缘手套，穿上绝缘靴，用相应电压等级的绝缘工具断开开关。

③ 抛掷裸金属线使线路短路接地，迫使保护装置动作，断开电源。注意在抛掷金属线前，应将金属线的一端可靠地接地，然后抛掷另一端。

（3）脱离电源的注意事项

① 救护人员不可以直接用手或其他金属及潮湿的物件作为救护工具，而必须采用适当的绝缘工具且单手操作，以防止自身触电。

② 防止触电者脱离电源后，可能造成的摔伤。

③ 如果触电事故发生在夜间，应当迅速解决临时照明问题，以利于抢救，并避免扩大事故。

2．现场急救方法

当触电者脱离电源后，应当根据触电者的具体情况，迅速地对症进行救护。

现场应用的主要救护方法是人工呼吸法和胸外心脏挤压法。

（1）对症进行救护 触电者需要救治时，大体上按照以下三种情况分别处理。

① 如果触电者伤势不重，神智清醒，但是有些心慌、四肢发麻、全身无力；或者触电者在触电的过程中曾经一度昏迷，但已经恢复清醒。在这种情况下，应当使触电者安静休息，不要走动，严密观察，并请医生前来诊治或将触电者送往医院。

② 如果触电者伤势比较严重，已经失去知觉，但仍有心跳和呼吸，这时应当使触电者舒适、安静地平卧，保持空气流通。同时揭开他的衣服，以利于呼吸，如果天气寒冷，要注意

保温，并立即请医生诊治或将触电者送医院。

③ 如果触电者伤势严重，呼吸停止或心脏停止跳动或两者都已停止时，则应立即实行人工呼吸和胸外挤压，并迅速请医生诊治或将触电者送往医院。应当注意，急救要尽快地进行，不能等候医生的到来，在送往医院的途中，也不能中止急救。

（2）口对口人工呼吸法　这是在触电者呼吸停止后应用的急救方法，按以下步骤进行。

① 触电者仰卧，迅速解开其衣领和腰带。

② 触电者头偏向一侧，清除口腔中的异物，使其呼吸畅通，必要时可用金属匙柄由口角伸入，使口张开。

③ 救护者站在触电者的一边，一只手捏紧触电者的鼻子，一只手托在触电者颈后，使触电者颈部上抬，头部后仰，然后深吸一口气，用嘴紧贴触电者嘴，大口吹气，接着放松触电者的鼻子，让气体从触电者肺部排出。每 5s 吹气一次，不断重复地进行，直到触电者苏醒为止，如图 2-1-5 所示。

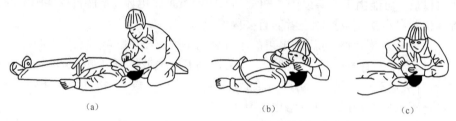

(a)　　　　　　　　(b)　　　　　　　　(c)

图 2-1-5　口对口人工呼吸法

对儿童施行此法时，不必捏鼻。开口困难时，可以使其嘴唇紧闭，对准鼻孔吹气（即口对鼻人工呼吸），效果相似。

（3）胸外心脏挤压法　这是触电者心脏跳动停止后采用的急救方法，具体操作步骤如图 2-1-6 所示。

① 触电者仰卧在结实的平地或木板上，松开衣领和腰带，使其头部稍后仰（颈部可枕垫软物），抢救者跪跨在触电者腰部两侧。

② 抢救者将右手掌放在触电者胸骨处，中指指尖对准其颈部凹陷的下端，左手掌复压在右手背上（对儿童可用一只手），如图 2-1-6（b）所示。

③ 抢救者借身体重量向下用力挤压，压下 3～4cm，突然松开，如图 2-1-6（d）所示。挤压和放松动作要有节奏，每秒钟进行一次，每分钟宜挤压 60 次左右，不可中断，直至触电者苏醒为止。要求挤压定位要准确，用力要适当，防止用力过猛给触电者造成内伤和用力过小挤压无效。对儿童用力要适当小些。

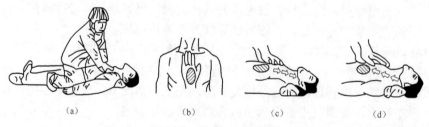

(a)　　　　　　　(b)　　　　　　(c)　　　　　　(d)

图 2-1-6　胸外心脏挤压法

（4）触电者呼吸和心跳都停止时，允许同时采用"口对口人工呼吸法"和"胸外心脏挤压法"。单人救护时，可先吹气 2～3 次，再挤压 10～15 次，交替进行。双人救护时，每 5s 吹气一次，每秒钟挤压一次，两人同时进行操作。

抢救既要迅速又要有耐心，即使在送往医院途中也不能停止急救。此外不能给触电者打强心针、泼冷水或压木板等。

第四节　电气防火、防爆、防雷的基本知识

一、电气火灾

电气火灾是电气设备因故障（如短路、过载等）产生过热或电火花（工作火花如电焊火花飞溅和故障火花如拉闸火花、接头松脱胎脱火花、熔丝熔断等）而引发的火灾。

1. 预防方法

（1）考虑负载容量及合理过载能力；

（2）在用电上要合理，避免过度超载及乱搭线，防止短路故障。

2. 电火警的紧急处理步骤

（1）切断电源

（2）正确使用灭火器材

（3）安全事项：救火人员不要随便触碰电气设备及电线，尤其要注意断落在地上的电线。此时，对于火警现场的一切线、缆，都应按带电体处理。

二、防爆

防爆措施：合理选用防爆电气设备和敷设电气线路，保持场所的良好通风；保持电气设备的正常运行，防止短路过载；安装自动断电保护装置，使用便携式电气设备时应特别注意安全。

三、防雷

安装避雷针：避雷针和避雷线是防止直击雷的有效措施。

【思考题】

1. 照明开关为什么必须接在火线上？
2. 单相三孔插座如何安装才正确？为什么？
3. 塑料绝缘导线为什么严禁直接埋在墙内？
4. 为什么要使用漏电保护器？
5. 发生触电事故的主要原因是什么？
6. 家庭安全用电有哪些措施？
7. 如何防止不安全用电烧损家用电器？
8. 如何防止电气火灾事故？发生火灾后怎么办？
9. 怎样处理家用电器漏电？

实验二 验证基尔霍夫定律

一、实验目的

（1）验证基尔霍夫定律的正确性，加深对基尔霍夫定律的理解。

（2）学会用电流插头、插座测量各支路电流。

（3）运用 Multisim 仿真软件仿真。

二、原理说明

基尔霍夫定律是电路的基本定律。测量某电路的各支路电流及每个元件两端的电压，应能分别满足基尔霍夫电流定律（KCL）和电压定律（KVL）。即对电路中的任一个节点而言，应有 $\Sigma I=0$；对任何一个闭合回路而言，应有 $\Sigma U=0$。

三、实验设备

本实验所需实验设备如表 2-2-1 所示。

表 2-2-1 实验设备列表

序　号	名　　称	型号与规格	数　量	备　注
1	可调直流稳压电源	0～30V	双路	
2	直流数字电压表	0～200V	1	
3	直流数字电流表	0～2000mV	1	
4	实验电路板		1	DGJ-03

四、实验内容

（1）分别将两路直流稳压电源接入电路，如图 2-2-1 所示。令 $U_1=6V$，$U_2=12V$。（先调准输出电压值，再接入实验线路中。）用 DGJ-03 挂箱的"基尔霍夫定律/叠加原理"电路板。

（2）实验前先任意设定三条支路电流正方向。如图 2-2-1 所示的 I_1、I_2、I_3 的方向已设定。闭合回路的正方向可任意设定。

（3）熟悉电流插头的结构，将电流插头的两端接至数字电流表的"＋"、"－"两端。

（4）将电流插头分别插入三条支路的三个电流插座中，读出并记录电流值。

（5）用直流数字电压表分别测量两路电源及电阻元件上的电压值，并记录在表 2-2-2 中。

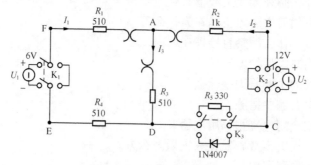

图 2-2-1 验证基尔霍夫定律

表 2-2-2   电流、电压值记录表一

被测量	I_1(mA)	I_2(mA)	I_3(mA)	U_1(V)	U_2(V)	U_{FA}(V)	U_{AB}(V)	U_{AD}(V)	U_{CD}(V)	U_{DE}(V)
计算值										
测量值										
相对误差										

（6）将开关指向二极管，重新测量两路电源及电阻元件上的电压值，并记录在表 2-2-3 中。

表 2-2-3   电流、电压值记录表二

被测量	I_1(mA)	I_2(mA)	I_3(mA)	U_1(V)	U_2(V)	U_{FA}(V)	U_{AB}(V)	U_{AD}(V)	U_{CD}(V)	U_{DE}(V)
计算值										
测量值										
相对误差										

（7）将开关指向电阻，分别测量三种故障情况下的两路电源及电阻元件上的电压值，并记录在表 2-2-4 中。

表 2-2-4   电流、电压值记录表三

被测量	I_1(mA)	I_2(mA)	I_3(mA)	U_1(V)	U_2(V)	U_{FA}(V)	U_{AB}(V)	U_{AD}(V)	U_{CD}(V)	U_{DE}(V)
故障一										
故障二										
故障三										

五、实验注意事项

（1）前两种的测量都是在没有设置故障的情况下测量的。

（2）所有需要测量的电压值，均以电压表测量的读数为准。U_1、U_2 也需测量，不应取电源本身的显示值。

（3）防止稳压电源两个输出端碰线短路。

（4）用指针式电压表或电流表测量电压或电流时，如果仪表指针反偏，则必须调换仪表极性，重新测量。此时指针正偏，但读得电压值或电流值必须冠以负号。若用数显电压表或电流表测量，则可直接读出电压值或电流值。但应注意：所读得的电压或电流值的正确正、负号应根据设定的电流参考方向来判断。

六、预习思考题

（1）根据图 2-2-1 的电路参数，计算出待测的电流 I_1、I_2、I_3 和各电阻上的电压值，记入表中，以便实验测量时，可正确地选定电流表和电压表的量程。

（2）在图 2-2-1 的电路中 A、D 两节点的电流方程是否相同？为什么？

（3）在图 2-2-1 的电路中可以列出几个电压方程？它们与绕行方向有无关系？

（4）实验中，若用指针式万用表直流毫安挡测各支路电流，在什么情况下可能出现指针反偏，应如何处理？在记录数据时应注意什么？若用直流数字电流表进行测量时，则会有什么显示呢？

七、实验报告要求

（1）回答思考题。

（2）根据实验数据，选定试验电路中的任一节点，验证基尔霍夫电流定律（KCL）的正确性。

（3）根据实验数据，选定试验电路中的任一闭合回路，验证基尔霍夫电压定律（KVL）的正确性。

（4）列出求解电压 U_{EA} 和 U_{CA} 的电压方程，并根据实验数据求出它们的数值。

（5）写出实验中检查、分析电路故障的方法，总结查找故障的体会。

（6）运用 Multisim 仿真软件仿真。

实验三　验证戴维南定理——有源二端网络等效参数的测定

一、实验目的

（1）验证戴维南定理的正确性，加深对该定理的理解。

（2）掌握测量有源二端网络等效参数的一般方法。

二、原理说明

（1）任何一个线性含源网络，如果仅研究其中一条支路的电压和电流，则可将电路的其余部分看作是一个有源二端网络（或称为含源一端口网络）。

戴维南定理指出：任何一个线性有源网络，总可以用一个电压源与一个电阻的串联来等效代替，此电压源的电动势 U_s 等于这个有源二端网络的开路电压 U_{oc}，其等效内阻 R_0 等于该网络中所有独立源均置零（理想电压源视为短接，理想电流源视为开路）时的等效电阻。

（2）有源二端网络等效参数的测量方法

① 开路电压、短路电流法测 R_0

在有源二端网络输出端开路时，用电压表直接测其输出端的开路电压 U_{oc}，然后再将其输出端短路，用电流表测其短路电流 I_{sc}，则等效内阻为 $R_0 = \dfrac{U_{oc}}{I_{sc}}$。

② 伏安法测 R_0

用电压表、电流表测出有源二端网络的外特性曲线，如图 2-3-1 所示。根据外特性曲线求出斜率 $\tan\phi$，则内阻 $R_0 = \tan\phi = \dfrac{\Delta U}{\Delta I} = \dfrac{U_{oc}}{I_{sc}}$。

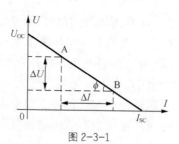

图 2-3-1

③ 半电压法测 R_0

如图 2-3-2 所示，当负载电压为被测网络开路电压的一半时，负载电阻（由电阻箱的读数确定）即为被测有源二端网络的等效内阻值。

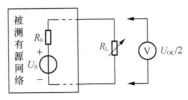

图 2-3-2 半电压法测 R_0

④ 零示法测 U_{OC}

在测量具有高内阻有源二端网络的开路电压时，用电压表直接测量会造成较大的误差。为了消除电压表内阻的影响，往往采用零示测量法，如图 2-3-3 所示。

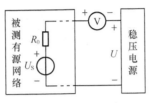

图 2-3-3 零示法测 U_{OC}

零示法测量原理是用一低内阻的稳压电源与被测有源二端网络进行比较，当稳压电源的输出电压与有源二端网络的开路电压相等时，电压表的读数将为"0"。然后将电路断开，测量此时稳压电源的输出电压，即为被测有源二端网络的开路电压。

三、实验设备

本实验所需实验设备如表 2-3-1 所示。

表 2-3-1　　　　　　　　　　　　实验设备列表

序　　号	名　　称	型号与规格	数　量	备　注
1	可调直流稳压电源	0～30V	1	
2	可调直流恒流源	0～500mA	1	
3	直流数字电压表	0～200V	1	
4	直流数字电流表	0～2000mA	1	
5	万用表		1	自备
6	元件箱		1	DGJ-05
7	戴维南定理实验电路板		1	DGJ-03

四、实验内容

被测有源二端网络如图 2-3-4（a）所示。

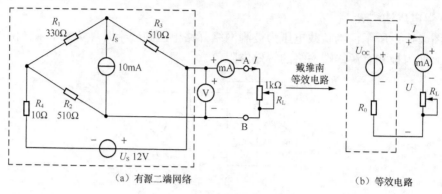

图 2-3-4　验证戴维南定理

（1）用开路电压、短路电流法测定戴维南等效电路的 U_{OC}、R_0。按图 2-3-4（a）接入稳压电源 $U_s=12V$ 和恒流源 $I_s=10mA$，不接入 R_L。测出 U_{OC} 和 I_{sc}，计算出 R_0，并记录在表 2-3-2 中。

表 2-3-2　　　　　　　　　U_{OC} 和 I_{SC} 测量值记录表

U_{oc} (v)	I_{sc} (mA)	$R_0=U_{oc}/I_{sc}$ (Ω)

（2）负载实验

按图 2-3-4（a）接入 R_L。改变 R_L 阻值，测量有源二端网络的外特性曲线，并记录在表 2-3-3 中。

表 2-3-3　　　　　　　　　原电路电压电流测量值记录表

R_L / Ω	0	100	200	300	400	500	1K	3K	∞
U(V)									
I(mA)									

（3）验证戴维南定理：从电阻箱上取得按步骤"1"所得的等效电阻 R_0 之值，然后令其与直流稳压电源（调到步骤"1"时所测得的开路电压 U_{OC} 之值）相串联，如图 2-3-4（b）所示，仿照步骤"2"测其外特性，并记录在表 2-3-4 中。

表 2-3-4　　　　　　　　　等效后电压电流测量值记录表

R_L / Ω	0	100	200	300	400	500	1K	3K	∞
U(V)									
I(mA)									

（4）有源二端网络等效电阻（又称入端电阻）的直接测量法，见图 2-3-4（a）。将被测有源网络内的所有独立源置零（将电流源 I_s 断开，去掉电压源 U_s，并在原电压源所接的两点用一根短路导线相连），然后用伏安法或者直接用万用表的欧姆挡去测定负载 R_L 开路时 A、B 两点间的电阻，此即为被测网络的等效内阻 R_0，或称网络的入端电阻 R_i。

五、实验注意事项

（1）测量时应注意电流表量程的更换。

（2）步骤"4"中，电压源置零时不可将稳压源短接。

（3）用万用表直接测 R_0 时，网络内的独立源必须先置零，以免损坏万用表。其次，欧姆挡必须经调零后再进行测量。

（4）用零示法测量 U_{OC} 时，应先将稳压电源的输出调至接近于 U_{OC}，再按图 2-3-3 测量。

（5）改接线路时，要关掉电源。

六、预习思考题

（1）在求戴维南等效电路时，作短路试验，测 I_{SC} 的条件是什么？在本实验中可否直接作负载短路实验？请实验前对线路图 2-3-4（a）预先作好计算，以便调整实验线路及测量时可准确地选取电表的量程。

（2）说明测有源二端网络开路电压及等效内阻的几种方法，并比较其优缺点。

七、实验报告

（1）理论计算开路电压和等效内阻。

（2）根据（1）、（2）、（3）和（4）的几种方法测得的 U_{OC} 值和 R_0 值与预习时对电路计算的结果作比较，你能得出什么结论。

（3）根据步骤 2、3 分别绘出曲线，验证戴维南定理的正确性，并分析产生误差的原因。

（4）运用 Multisim 仿真软件进行仿真。

实验四　典型电信号的观察与测量

一、实验目的

（1）熟悉示波器以及函数信号发生器各旋钮、开关的作用及其使用方法。

（2）初步掌握用示波器观察电信号波形，定量测出正弦信号和脉冲信号的波形参数。

二、实验说明

（1）交流电信号有的按正弦规律变化，有的按三角或其他规律变化。按正弦规律变化的交流信号叫正弦波信号，按三角规律变化的交流信号叫三角波信号，还有方波等脉冲信号。它们都是常用的电激励信号，由函数信号发生器提供。

（2）无论哪种信号，都有自己的波形图。电子示波器就是一种观察信号图形和测量电信号参数的仪器，它可定量地测出电信号的波形参数，从荧光屏的 Y 轴刻度尺并结合其量程分挡选择开关（Y 轴输入电压灵敏度 V/cm 分挡选择开关）读得电信号的幅值；从荧光屏的 X 轴刻度尺并结合其量程分挡选择开关（时间扫描速度 s/cm 分挡选择开关），读得电信号的周期、相位、相位差等参数。为了完成对各种不同波形、不同要求的观察和测量，它还有一些其他的调节和控制旋钮。一台双踪示波器可以同时观察和测量两个信号波形。

三、实验设备

本实验所需实验设备如表 2-4-1 所示。

表 2-4-1　　　　　　　　　　　　　　　实验设备列表

序　号	名　　称	型号与规格	数　量	备　注
1	双踪示波器		1	
2	函数信号发生器		1	
3	交流毫伏表		1	
4	频率计		1	
5	实验装置		1	

四、实验内容

1．双踪示波器的自检

将示波器面板部分的"标准信号"插口，通过示波器专用同轴电缆接至双踪示波器的 Y 轴输入插口 Y_A 或 Y_B 端，然后开启示波器电源，指示灯亮。稍后，协调地调节示波器面板上的"辉度"、"聚焦"、"辅助聚焦"、"X 轴位移"、"Y 轴位移"等旋钮，使在荧光屏的中心部分显示出线条细而清晰、亮度适中的方波波形；通过选择幅度和扫描速度，并将它们的微调旋钮旋至"校准"位置，从荧光屏上读出该"标准信号"的幅值与频率，并与标称值（2V，1kHz）作比较，如相差较大，请指导老师给予校准。

2．正弦波信号的观测

（1）将示波器的幅度和扫描速度微调旋钮旋至"校准"位置。

（2）通过电缆线，将信号发生器的正弦波输出口与示波器的 Y_A 插座相连。

（3）接通信号发生器的电源，选择正弦波输出。通过相应调节，使输出频率分别为 1kHz、1.5kHz 和 20kHz，记入表 2-4-2 中。（幅度大小适合）

表 2-4-2　　　　　　　　　　正弦信号周期测量记录表

示波器 所测项目	正弦波信号频率的测定		
	1000Hz	1500Hz	20000Hz
示波器"t/div"旋钮位置			
一个周期占有的格数			
信号周期（s）			
计算所得频率（Hz）			

再使输出幅值分别为有效值 0.5V、1V、3V（由交流毫伏表读得）。调节示波器 Y 轴和 X 轴的偏转灵敏度至合适的位置，从显示屏上读得幅值及周期，记入表 2-4-3 中。（频率为 1kHz）

表 2-4-3　　　　　　　　　　正弦信号幅值测量记录表

交流毫伏表读数 所测项目	正弦波信号幅值的测定		
	0.5V	1V	3V
示波器"V/div"位置			
峰—峰值波形格数			
峰—峰值			
计算所得有效值			

3．方波脉冲信号的观察和测定

（1）将函数信号发生器的波形选择开关置"方波"位置。

（2）调节方波的输出幅度为 $2.0V_{\text{P-P}}$（用示波器测定），分别观测1000Hz、1.5kHz 和 20kHz 方波信号的波形参数，记入表 2-4-4 中。

（3）使信号频率保持在 3kHz，选择不同的幅度及脉宽，观测波形参数的变化。

表 2-4-4　　　　　　　　　　方波信号周期测量记录表

示波器所测项目	方波信号频率的测定		
	1000Hz	1500Hz	20000Hz
示波器"t/div"旋钮位置			
一个周期占有的格数			
信号周期（s）			
计算所得频率（Hz）			

五、实验注意事项

（1）调节仪器旋钮时，动作不要过猛，示波器的辉度不要过亮。

（2）调节示波器时，要注意触发开关和电平调节旋钮的配合使用，以使显示的波形稳定。

（3）作定量测定时，"t/div"和"v/div"微调旋钮应旋置"标准"位置。

（4）为防止外界干扰，函数信号发生器的接地端与示波器的接地端要连接在一起（称共地）。

（5）毫伏表开机后的状态为自动状态，因此开机后不要动 AUTO/MAIN 按钮。

六、实验报告

（1）整理数据表格，画出信号波形（任选两个），并标出"Y 轴灵敏度"开关及"X 轴扫描速率"开关的挡位（标尺）。

（2）总结实验中所用仪器的使用方法，及观测电信号的方法。

（3）欲使荧光屏上显示的波形个数多一些，应调节哪一个旋钮？

（4）欲使荧光屏上显示的波形幅度大一些，应调节哪一个旋钮？

（5）欲使荧光屏上显示的波形清晰一些，应调节哪一个旋钮？

（6）欲使荧光屏显示得稳定一些，应调节哪一个旋钮？

实验五　三相交流电路电压、电流的测量

一、实验目的

（1）掌握三相负载作星形联接、三角形联接的方法，验证这两种接法的线电压、相电压、线电流、相电流之间的关系。

（2）充分理解三相四线供电系统中中线的作用。

二、原理说明

三相负载可作星形（称"Y"形）联接，又可作三角形（称"△"接）联接。

（1）三相对称负载作 Y 形联接时，有：$U_L = \sqrt{3}\,U_P$，$I_L = I_P$。

当采用三相四线制接法时，流过中线的电流 $I_O = 0$，所以可以省去中线。

当对称三相负载作△形联接时，有：$I_L = \sqrt{3}\,I_P$，$U_L = U_P$。

（2）不对称三相负载作 Y 联接时，必须采用三相四线制接法。而且中线必须牢固联接，以保证满足三相负载中每相负载额定电压的要求。

三、实验设备

本实验所需实验设备如表 2-5-1 所示。

表 2-5-1　　　　　　　　　　　　　　实验设备列表

序　号	名　　称	型号与规格	数　量	备　注
1	三相交流电源	3φ　0～380V	1	
2	交流电压表　交流电流表		1	
3	三相灯组负载	15W/220V 白炽灯	9	DGJ-04

四、实验内容

1．三相负载星形连接

按图 2-5-1 线路组接实验电路，即三相灯组负载经三相自耦调压器接通三相对称电源，并将三相调压器的旋柄置于三相电压输出为 0V 的位置，经指导老师检查之后，方可合上三相电源开关。合上三相电源开关后调节调压器的输出，使输出的三相线电压为 220V。按数据表格所列各项要求分别测量三相负载的线电压、相电压、线电流（相电流）、中线电流、电源与负载中点间的电压，并记录。观察各相灯组亮暗的变化程度，特别要注意观察中线的作用。

（1）三相负载星形连接且采用三相四线制供电按图 2-5-1 线路组接实验电路，使输出的三相线电压为 220V。

（2）按数据表格所列各项要求分别测量三相负载的线电压、相电压、相电流、中线电流、电源与负载中点间的电压，记录在表 2-5-2 中。

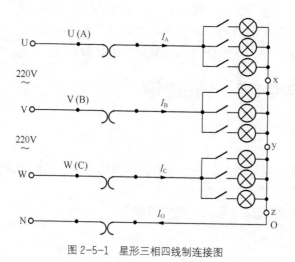

图 2-5-1　星形三相四线制连接图

表 2-5-2   电压、电流测量值记录表一

测量数据 负载情况	开灯盏数			相电流（A）			线电压（V）			相电压（V）			中线电流 I_o（A）	中点电压 U_{NO}（V）
	A相	B相	C相	I_A相	I_B相	I_C相	U_{AB}线	U_{BC}线	U_{CA}线	U_{AO}相	U_{BO}相	U_{CO}相		
Yo（有中线）接对称负载	3	3	3											/
Yo 接不对称负载	1	2	3											/
Yo B 相断开	3	3	3											/

（3）三相负载星形连接且采用三相三线制供电，按图 2-5-2 线路连接实验电路，使输出的三相线电压为 220V。

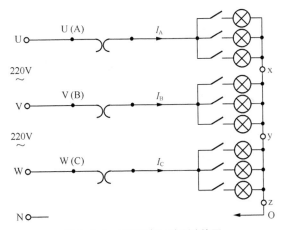

图 2-5-2 星形三相三线制连接图

（4）按数据表格所列各项要求分别测量三相负载的线电压、相电压、相电流、中线电流、电源与负载中点间的电压，记录在表 2-5-3 中。

表 2-5-3   电压、电流测量值记录表二

测量数据 负载情况	开灯盏数			相电流（A）			线电压（V）			相电压（V）			中线电流 I_o（A）	中点电压 U_{NO}（V）
	A相	B相	C相	I_A相	I_B相	I_C相	U_{AB}线	U_{BC}线	U_{CA}线	U_{AO}相	U_{BO}相	U_{CO}相		
Y（无中线）	3	3	3										/	
Y 接不对称负载	1	2	3										/	
Y B 相断开	3	3	3										/	

2．三相负载三角形联接（三相三线制供电）

按图 2-5-3 改接线路，经指导老师检查后接通三相电源，调节调压器，使其输出线电压为 220V，按表 2-5-4 的内容进行测试并记录实验数据。

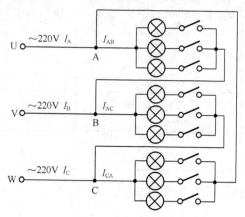

图 2-5-3　三角形连接图

表 2-5-4　　　　　　　　　　　　　　　　　电压、电流测量值记录表二

测量数据　　负载情况	开灯盏数			线电压=相电压			线　电　流			相　电　流		
	A相	B相	C相	U_{AB}	U_{BC}	U_{CA}	I_A	I_B	I_C	I_{AB}	I_{BC}	I_{CA}
△接三相平衡	3	3	3									
△接三相不平衡	1	2	3									

3．研究问题

（1）通过数据说明三相对称负载作 Y 形联接时是否 $U_L = \sqrt{3}\, U_P$。

（2）通过数据说明不对称三相负载作星形联接时，采用三相四线制接法是否能满足三相负载中每相负载的额定电压。

（3）通过数据说明不对称三相负载作星形联接时，采用三相三线制接法是否能满足三相负载中每相负载的额定电压。

（4）如果采用三相三线制供电或总干线的中线上接保险丝，万一某一负载短路，保险丝烧断会造成什么现象发生？

4．实验注意事项

（1）本实验采用三相交流市电，线电压为 380V，应穿绝缘鞋进入实验室。实验时要注意人身安全，不可触及导电部件，防止意外事故发生。

（2）每次接线完毕，学生应自查一遍，然后由指导教师检查合格后，方可接通电源。必须严格遵守先接线，后通电；先断电后拆线的实验操作原则。

五、预习思考题

（1）三相负载根据什么条件作星形或三角形连接？

（2）复习三相交流电路有关内容，分析三相星形联接不对称负载在无中线情况下，当某相负载开路或短路时会出现什么情况？如果接上中线，情况又如何？

（3）本次实验中为何要通过三相调压器将 380V 的市电线电压降为 220V 的线电压使用？

六、实验报告

（1）用实验测得的数据验证对称三相电路中的关系。

（2）用实验数据和观察到的现象，总结三相四线供电系统中中线的作用。

（3）不对称三角形连接的负载，能否正常工作？实验能否证明这一点？

（4）根据不对称负载三角形连接时的相电流值作向量图，并求出线电流值。然后与实验测得的线电流作比较，分析之。

实验六 常用电子元器件的识别

一、实验目的

（1）了解常用电子元器件的性能、主要技术指标、用途等。

（2）掌握用色标法读取色环电阻标称值及其允许偏差的方法。

（3）学习使用万用表检测电阻、电容、电感的方法。

（4）学习使用万用表判断二极管、三极管的类型和管脚，估测三极管放大倍数的方法。

（5）熟悉集成运算放大器管脚的排列。

（6）掌握在插件电路板上安装电路的方法。

二、预习要求

（1）查阅常用电子元器件的相关资料。

（2）读出待测色环电阻的标称值和允许偏差值。

　　　　五色环电阻　　　　棕、绿、黑、棕、棕　　　　蓝、灰、黑、金、红

　　　　四色环电阻　　　　棕、黑、红、金　　　　黄、紫、橙、银

（3）复习二极管和三极管的工作原理。写出 2AP9、2CP10、1N4001、3DG6、3AX81 的全称。

（4）预习用万用表判断二极管、三极管类型和管脚的方法。

三、实验原理

电子元件是构成电子电路的基本材料，熟悉各种电子元件的性能及其测试方法、了解其用途等对完成电子电路的设计、安装和调试十分重要。电阻器、电位器、电容器、电感器、二极管、三极管是电子电路中应用最多的元件。

1. 电阻器测量

电阻器的类别及其主要技术参数的数值一般都标注在它的外表面上。当其参数标志因某

种原因而脱落或欲知道其精确阻值时，就需要进行测量。对于常用的碳膜电阻器、金属膜电阻器以及线绕电阻器的阻值，可用普通万用电表的电阻挡直接测量。

2．电位器测量

具体检测时，可以先测量一下它的阻值，即两端片之间的阻值应等于其标称值，然后再测量它的中心端片与电阻体的接触情况。这时万用表仍工作在电阻挡上，将一只表笔接电位器的中心焊片，另一只表笔接其余两端片中的任意一个。慢慢将其转柄从一个极端位置旋转到另一个极端位置，其阻值应从零（或标称值）连续变化到标称值（或零）。整个旋转过程中，表针不应有任何跳动现象。在电位器转柄的旋转过程中，应感觉平滑，不应有过松或过紧现象，也不应出现响声。

3．电容器测量

对电解电容器的性能测量，最主要的是容量和漏电流的测量。对正、负极标志脱落的电容器，还应进行极性判别。

利用万用表测量电解电容器的漏电流时，可用万用表电阻挡（一般用 R×1k 挡）测电阻的方法来估测，黑表笔应接电容器的"＋"极，红表笔接电容器的"－"极。此时表针迅速向右摆动，然后慢慢退回。待不动时指示的电阻值越大表示漏电流越小。此时的电阻值就是电容器的漏电阻，一般应大于几百欧。对存放时间很久的电容器，测量时间应大于半分钟，或者采取贮能措施（即先加低电压，经一定时间后，再逐渐加至额定电压）后再进行测量。若指针向右摆动后不再摆回，说明电容器已击穿；若指针完全不向右摆，说明电容器内部断路或电解质已干涸而失去容量。

上述测量电容器漏电的方法，还可以用来鉴别电容器的正、负极和估计其容量大小。对失掉正、负极标志的电解电容器，可先假定某极为"＋"极，让其与万用电表的黑表笔相接，另一个电极与万用电表的红表笔相接，同时观察并记住表针向右摆的幅度；将电容放电后，两只表笔对调重新测量。在两次测量中，若表针最后停留的摆动幅度较小，则说明该次对其正、负极的假设是对的，对某些铝壳电容器来说，其外壳为负极，中间的电极为正极。

一般说来，电解电容器的实际容量与其标称容量差别较大，特别是放置时间较久或使用时间较长的电容器，用万用电表准确地测量出其电容量是难以做到的，只能比较出它们的相对大小。方法是测电容器的充电电流，接线方法与测漏电流时相同。表针向右摆动的最大幅度越大，其容量也越大。对相同型号的电解电容器，体积越大，其电容量越大，而且耐压越高。

4．电感器测量

一般用 Q 表或电容电感表测电感器的电感量。用万用表电阻挡检查线圈的好坏，若电阻无限大则该线圈已断路，不能使用。

5．半导体分立器件测量

（1）半导体二极管检测

①测量二极管的正、反向电阻

通常小功率锗二极管的正向电阻值为 300～500Ω，硅管为 1kΩ 或更大些。锗管反向电阻为几十千欧，硅管反向电阻在 500kΩ 以上（大功率二极管的数值要小得多）。正反向电阻的差值越大越好。

②判别二极管极性

根据二极管正向电阻小，反向电阻大的特点可判别二极管的极性。将万用表拨到欧姆挡

（一般用 R×100 或 R×1k 挡，不要用 R×1 挡或 R×10k 挡，因为 R×1 挡使用的电流太大，容易烧坏管子，而 R×10k 挡使用的电压太高，可能击穿管子），表笔分别与二极管的两极相连，测出两个阻值，在测得阻值较小的一次测量中，与黑表笔相接的一端就是二极管的正极。同理，在测得阻值较大的一次测量中，与黑表笔相接的一端就是二极管的负极。如果测得的反向电阻很小，说明二极管内部已短路；若正向电阻很大，则说明二极管内部已断路。在这两种情况下，二极管就不能使用了。

③判别二极管管型

因为硅二极管的正向压降一般为 0.6～0.7V，锗二极管的正向压降为 0.1～0.3V，所以通过测量二极管的正向导通电压，就可以判别被测二极管是硅管还是锗管。方法是：在干电池（1.5V）或稳压电源的一端串一个电阻（约 1kΩ），同时二极管按正向接法与电阻相连接，使二极管正向导通，然后用万用表的直流电压挡测量二极管两端的管压降 U_D，如果测到的 U_D 为 0.6～0.7V 则为硅管，如果测到的 U_D 为 0.1～0.3V 就是锗管。

（2）三极管检测

①用万用表判别管脚和管型的方法

用万用表判别管脚的根据是：把晶体管的结构看成是两个背靠背的 PN 结，如图 2-6-1 所示，对 NPN 管来说，基极是两个结的公共阳极，对 PNP 管来说，基极是两个结的公共阴极。

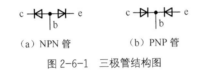

（a）NPN 管　　（b）PNP 管

图 2-6-1　三极管结构图

②判断三极管的基极

对于功率在 1W 以下的中小功率管，可用万用表的 R×100 挡或 R×1k 挡测量，对于功率在 1W 以上的大功率管，可用万用表的 R×1 挡或 R×10 挡测量。

用黑表笔接触某一管脚，用红表笔分别接触另两个管脚，如表头读数都很小，则与黑表笔接触的那一管脚是基极，同时可知此三极管为 NPN 型。若用红表笔接触某一管脚，而用黑表笔分别接触另两个管脚，表头读数同样都很小时，则与红表笔接触的那一管脚是基极，同时可知此三极管为 PNP 型。用上述方法既判定了晶体三极管的基极，又判别了三极管的类型。

③判断三极管发射极和集电极

以 NPN 型三极管为例，确定基极后，假定其余两只脚中的一只是集电极，将黑表笔接到此脚上，红表笔则接到假定的发射极上。用手指把假设的集电极和已测出的基极捏起来（但不要相碰），看表针指示，并记下此阻值的读数。然后再作相反假设，即把原来假设为集电极的脚假设为发射极。作同样的测试并记下此阻值的读数。比较两次读数的大小，若前者阻值较小，说明前者的假设是对的，那么黑表笔接的一只脚就是集电极，剩下的一只脚便是发射极。

若需判别是否为 PNP 型晶体三极管，仍用上述方法，但必须把表笔极性对调。

④用万用表估测电流放大系数 β

将万用表拨到相应电阻挡按管型将万用表表棒接到对应的极上（对 NPN 型管，黑笔接集电极，红笔接发射极，对 PNP 型管黑笔接发射极，红笔接集电极）。测量发射极和集电极之间的电阻，再用手捏着基极和集电极，观察表针摆动幅度大小。摆动越大，则 β 越大。手捏在极与极之间相当于给三极管提供了基极电流 I_b，I_b 的大小和手的潮湿程度有关。也可接一只 50～100kΩ 的电阻来代替手捏的方法进行测试。

一般的万用表具备测 β 的功能，将晶体管插入测试孔中就可以从表头刻度盘上直读 β 值。若依此法来判别发射极和集电极也很容易，只要将 e、c 脚对调一下，在表针偏转较大的那一次测量中，从万用表插孔旁的标记就可以直接辨别出晶体管的发射极和集电极。

6. 集成运算放大器

集成电路是在半导体晶体管制造工艺的基础上发展起来的新型电子器件，它将晶体管和电阻、电容等元件同时制作在一块半导体硅片上，并按需要连接成具有某种功能的电路，然后加外壳封装成一个电路单元。集成运算放大器是集成电路中常见的器件，是一个具有两个不同相位的输入端、高增益的直流放大器。现已广泛应用于收录机、电视机、扩音机及精密测量、自动控制领域中。常用的集成运算放大器有单运放 μA741（LM 741、CP741 等均属同一型号产品）、双运放 μA747、四运放 μA324 等不同型号的运放。不同型号的管脚功能是不一样的，使用时需根据产品说明书，查明各管脚的具体功能。集成运放的管脚编号一般是：从正面左下端参考标志开始按逆时针顺序依次为 1、2、3……如图 2-6-2 所示。

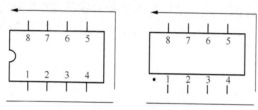

图 2-6-2 集成运放管脚的排列顺序

四、实验设备

本实验所需实验设备如表 2-6-1 所示。

表 2-6-1　　　　　　　　　　　　　　实验设备列表

名　　称	型号或规格	数　　量
万用表	MY61 或其他型号	1
直流稳压电源	GDJ—2	1
元件、面包板		

五、实验内容

1. 电阻器和电位器的识别

（1）在元件盒中分别取出一个 5 色环电阻和一个 4 色环电阻，记下色标并读出该色环电阻的标称阻值及允许偏差，记录于表 2-6-2 中。用万用表测量其阻值。

表 2-6-2　　　　　　　　　　　　　　电阻测量值记录表

色　　环	标　称　值	允许偏差	测量值	相对误差

（2）在元件盒中取出一个电位器，读出其标称值。用万用表测量其阻值并观测其最大阻值 R_{max} 和最小阻值 R_{min}。

思考题：为什么每次测量电阻值之前需调好万用表的零点？测量电阻值时为什么不能用双手同时捏住电阻器两端？

2．电容器的识别

（1）取出 10μF 和 100μF 两只电解电容，记下耐压值和容量标称值。

（2）用万用表判定电解电容的极性、漏电阻及质量。

按实验原理中的检测方法，判断电解电容的极性及质量，把测量结果记于表 2-6-3 中。注意在交换表笔进行第二次测量时，应先将电容两极短路一下，然后再测，防止电容器内积存的电荷经万用表放电，烧坏表头。

表 2-6-3　　　　　　　　　　　电容测量值记录表

电 容 值	万用表挡位	耐 压 值	漏电电阻值	质 量

3．电感器的识别

（1）在元件盒中取出电感器，读出该电感的标称值及允许偏差。

（2）用万用表电阻挡测量电感器的损耗电阻，把以上识别与测量的结果填入表 2-6-4 中。

表 2-6-4　　　　　　　　　　　电感测量值记录表

色 环	电感标称值	允许偏差	损耗电阻

4．二极管极性、正、反向电阻的测量、管型和质量的识别

（1）在元件盒中取出两只不同型号的二极管，用万用表鉴别二极管的极性。

（2）将万用表拨到 R×10 电阻挡或 R×1k 电阻挡，测量这两只二极管的正、反向电阻，并判断其性能好坏，把以上测量结果填入表 2-6-5 中。

（3）按图 2-6-3 接线，判别图中二极管的管型（硅管或锗管）。

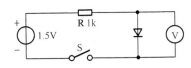

图 2-6-3　二极管管型判别接线图

表 2-6-5　　　　　　　　　　　二极管测量值记录表

型号＼阻值	正向电阻	反向电阻	正向压降	管 型	质量差别

5. 三极管类型、管脚的判别与β值估测

在元件盒中取出 9012 和 9013 型三极管，根据实验原理介绍的方法进行如下测量：

（1）类型判别（判别三极管是 PNP 型还是 NPN 型），并确定基极 b；

（2）判断三极管集电极 c 和发射极 e，估测三极管的β值大小。

把以上测量结果填入表 2-6-6 中，在图 2-6-4 中标出管脚名称。

表 2-6-6　　　　　　　　　　三极管测量值记录表

三　极　管	类　　　型	β　值
9012		
9013		

图 2-6-4

6. 熟悉集成运算放大器管脚排列

在元件盒中取出集成运算放大器 LM741，按实验原理中介绍的方法，掌握集成运算放大器管脚的排列。（画图表示）

六、实验报告要求

（1）列出各组实验数据表格，回答思考题。

（2）写出判别、测量常用电子元件中出现的问题和解决的办法。

（3）通过本次实验，掌握了什么实验技能？将你感受最深的一点总结出来。

实验七　单极交流放大电路的测试

一、实验目的

（1）学会放大器静态工作点的调试方法，分析静态工作点对放大器性能的影响。

（2）掌握放大器电压放大倍数、输入电阻、输出电阻及最大不失真输出电压的测试方法。

（3）熟悉常用电子仪器及模拟电路实验设备的使用。

二、实验原理简述

图 2-7-1 所示为具有自动稳定工作点的分压式偏置单极交流电压放大电路。

1. 放大器静态工作点的测量与调试

放大器的静态工作点是指当放大器输入信号 $U_i=0$ 时，在直流电源的作用下，晶体管基极和集电极回路的直流电压及电流值 U_{BE}、U_{CE}、I_B、I_C。

为了保证在放大器的输出端得到最大的不失真输出电压，必须给放大器选择合适的静态工作点。静态工作点选择不当，或输入信号幅值太大都会使放大器输出电压波形产生失真。工作点偏高，晶体管工作在饱和区，输出会产生饱和失真；工作点偏低，晶体管工作在截止区，输出会产生截止失真；而当输入信号幅值过大时，则会产生双向失真。

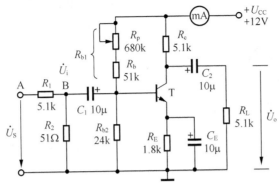

图 2-7-1 单极交流放大电路

在电路结构及 U_{CC} 和 R_C 都确定的情况下，静态工作点主要取决于 I_B（或 U_{CE}）的数值。因此，通过调整偏置电路中 R_{b1} 的阻值，便可改变静态工作点的位置。

2. 放大器动态参数的测量

（1）电压放大倍数 A_{uO}

电压放大倍数 A_{uO} 是指放大器负载电阻 $R_L = \infty$，且放大器输出信号无明显失真时，输出电压 U_o 与输入电压 U_i 的峰峰值或有效值之比 $A_{uO} = \dfrac{U_o}{U_i}$。

（2）输入电阻 R_i 的测量

输入电阻 R_i 是放大器输入端看进去的等效电阻。其值反映了放大器从信号源或前一级电路获取电流的大小。电路如图 2-7-2 所示，其测量方法是：在放大器输出波形不失真的情况下，用示波器测出 U_S 与 U_i 的峰峰值，则输入电阻 $R_i = \dfrac{U_i}{U_S - U_i} \cdot R$

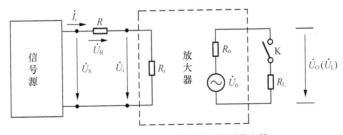

图 2-7-2 输入电阻和输出电阻测量电路

（3）输出电阻 R_o 的测量

输出电阻 R_o 是放大器从输出端看进去的等效电阻。其值反映了放大器带负载的能力。根据等效电路，用示波器测出 U_o 与 U_{oL} 的峰峰值，则输出电阻 $R_o = \left(\dfrac{U_o}{U_L} - 1\right) \cdot R_L$（$U_o$ 是空载电压，U_L 是负载电压）。

三、实验设备与器件

1. ＋12V 直流电源　　　　　　　　　　2. 函数信号发生器

3. 双踪示波器
5. 直流电压表
7. 频率计

4. 交流毫伏表
6. 直流毫安表
8. 万用电表

四、实验内容和步骤

1. 调整和测量静态工作点

（1）选择实验箱上固定输出的+12V直流稳压电源作为放大器的电源 U_{CC}。（然后关掉电源再连线！）

（2）按图 2-7-1 接好实验电路，仔细检查，注意发射极的电路连线。（确定无误后接通电源！）

（3）调节 R_P，使放大器的集电极对地电位为 $U_C = \dfrac{U_{CC}}{2} = 6V$。测量并计算表 2-7-1 中各值。

表 2-7-1   静态测量值记录表

测 量 值				计 算 值		
U_B（V）	U_E（V）	U_C（V）	R_{b12}（kΩ）	U_{BE}（V）	U_{CE}（V）	I_C（mA）

2. 测量电压放大倍数

（1）调节函数信号发生器，输出频率 f=1kHz、有效值为 0.5V 的正弦波信号。

（2）将此信号接至放大器的输入 U_S 端，经过 R_1、R_2 衰减（100 倍）后，在 U_i 端应得到 $U_i \approx 5mV$ 的小信号。（注意：信号发生器、放大器及示波器的地线应皆连在一起，以减少干扰。）

① 用示波器观察放大器空载（$R_L = \infty$）时，U_i、U_o 的波形及相位，并测量 U_i、U_o 的峰峰值，计算电压放大倍数 $A_{u0} = \dfrac{U_o}{U_i}$，记录在表 2-7-2 中。

② 测量放大器加上负载电阻 R_L=5.1kΩ 时，U_i、U_o 的波形及相位，并测量 U_i、U_o 的峰峰值，计算电压放大倍数 $A_{u0} = \dfrac{U_o}{U_i}$，记录在表 2-7-2 中。

表 2-7-2   电压放大倍数测量值记录表

R_C（kΩ）	R_L（kΩ）	U_i（mV）	U_o（V）	A_{uo}（实测）	记录一组 U_o 和 U_i 波形
5.1	∞				
5.1	5.1				

3. 观察静态工作点对电压放大倍数的影响

在电源电压 U_{CC} 与输入信号 U_i=5mV 不变的情况下，调整以下参数，测量 U_i 和 U_o，观察这些参数变化对放大器工作点的影响，判断有无失真并指出是什么失真？

（1）R_b 合适的情况下，取 R_C=5.1kΩ、R_L=2.2kΩ 观察输出波形，说明有无失真？画出输出波形并测量峰峰值。记录在表 2-7-3 中。

（2）R_b 合适的情况下，取 R_C=2kΩ、R_L=2.2kΩ 观察输出波形，说明有无失真？画出输出波形并测量峰峰值。记录在表 2-7-3 中。

表 2-7-3 U_i 和 U_o 测量值记录表

给定参数		实 测		实 测	估 算
R_C	R_L	U_i（mV）	U_o（V）	A_{uo}	A_{uo}
5.1kΩ	2.2kΩ				
2kΩ	2.2kΩ				

4．测量输入电阻和输出电阻

调整 R_P，将放大器的工作点调回原来位置。去掉 100 倍衰减电路中的电阻 R_2，保留 R=5.1kΩ 的电阻，按实验原理中的方法，测量 U_S、U_i、U_o、U_L 的值，计算出 R_i 和 R_o 的值。记录在表 2-7-4 中。

表 2-7-4 U_S、U_i、U_o、U_L 测量值记录表

测算输入电阻（R=5.1kΩ）				测算输出电阻（R_L=5.1kΩ）			
实测		测算	估算	实测		测算	估算
U_S（mV）	U_i（mV）	R_i	R_i	U_o（V）	U_L（V）	R_o（kΩ）	R_o（kΩ）

五、思考题

（1）如何正确选择静态工作点？设置静态工作点对放大器性能有何影响？

（2）放大器的静态与动态测试有何区别？

（3）通过实验测试，放大器输出与输入电压的相位关系如何？

六、实验报告

（1）整理实验数据，填写好实验所需的表格。

（2）说明哪些因素影响静态工作点？工作点偏高会出现什么失真？工作点偏低会出现什么失真？

实验八 比例、求和运算电路

一、实验目的

（1）掌握用集成运算放大器组成比例、求和电路的特点及性能。

（2）学会上述电路的测试和分析方法。

二、实验仪器

（1）数字万用表

（2）示波器

（3）信号发生器

三、实验原理

1. 比例运算电路

比例运算（反相比例运算与同相比例运算）是应用最广泛的一种基本运算电路。

① 反相比例运算，最小输入信号 U_{imin} 等条件来选择运算放大器和确定外围电路元件参数。如图 2-8-1 所示。

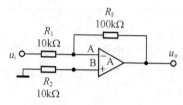

图 2-8-1　反相比例电路图

输入电压 U_i 经电阻 R_1 加到集成运放的反相输入端，其同相输入端经电阻 R_2 接地。输出电压 U_O 经 R_F 接回到反相输入端。通常有：$R_2=R_1//R_F$

由于虚断，有 $I_+=0$，则 $u_+=-I_+R_2=0$。又因虚短，可得：$u_-=u_+=0$

由于 $I_-=0$，则有 $i_1=i_f$，可得：$\dfrac{u_i-u_-}{R_1}=\dfrac{u_--u_o}{R_F}$

由此可求得反相比例运算电路的电压放大倍数为：
$$
\begin{cases}
A_{\text{uf}}=\dfrac{u_o}{u_i}=-\dfrac{R_F}{R_1} \\[2mm]
R_{\text{if}}=\dfrac{u_i}{i_i}=R_1
\end{cases}
$$

② 同相比例运算，电路图如图 2-8-2 所示。

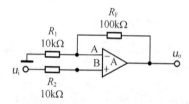

图 2-8-2　同相比例运算电路图

输入电压 U_i 接至同相输入端，输出电压 U_o 通过电阻 R_F 仍接到反相输入端。R_2 的阻值应为 $R_2=R_1//R_F$。

根据虚短和虚断的特点，可知 $I_-=I_+=0$，

则有　$u_-=\dfrac{R_1}{R_1+R_F}\cdot u_o$

且 $u_-=u_+=u_i$，可得：$\dfrac{R_1}{R_1+R_F}\cdot u_o=u_i$

$$
A_{\text{uf}}=\frac{u_o}{u_i}=1+\frac{R_F}{R_1}
$$

2．求和运算电路

（1）反相求和

根据"虚短"、"虚断"的概念

$$\frac{u_{i1}}{R_1} + \frac{u_{i2}}{R_2} = -\frac{u_o}{R_F} \qquad\qquad u_o = -(\frac{R_F}{R_1}u_{i1} + \frac{R_F}{R_2}u_{i2})$$

当 $R_1 = R_2 = R$，则 $\qquad u_o = -\frac{R_F}{R}(u_{i1} + u_{i2})$

（2）同相求和由读者自己分析。

四、实验内容

1．电压跟随器

实验电路如图 2-8-3 所示，接好线之后，接 12V 的直流电源。

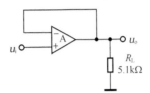

图 2-8-3　电压跟随器

（1）按表 2-8-1 内容实验并测量记录。

表 2-8-1　　　　　　　　　　　　　　u_o(V)测量记录表

u_i(V)		−2	−0.5	0	+0.5	1
u_o(V)	$R_L = 1\infty$					
	$R_L = 5.1\text{k}\Omega$					

（2）断开直流信号源，在输入端加入频率 $f = 100\text{Hz}$，$u_i = 0.5\text{V}$ 的正弦信号，用毫伏表测量输出端的信号电压 u_o，并用示波器观察 U_o、U_i 的相位关系，记录于表 2-8-2 中。

表 2-8-2　　　　　　　　　　　　　　U_i、U_o 测量值记录表一

U_i（V）	U_o（V）	U_i波形	U_o波形	A_V	
				实测值	计算值

2．反相比例放大器

实验电路如图 2-8-4 所示。接好电路后，接 12V 的直流电源。

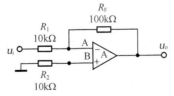

图 2-8-4　反相比例放大器

（1）按表 2-8-3 内容实验并测量记录。

表 2-8-3　　　　　　　　　　　　U_o 测量值记录表一

直流输入电压 U_i（mV）		30	100	300	1000
输出电压 U_o	理论估算（mV）				
	实测值（mV）				
	误差				

（2）断开直流传号源，在输入端加入频率 $f=100\text{Hz}$，$u_i=0.5\text{V}$ 的正弦信号，用毫伏表测量输出端的信号电压 u_o，并用示波器观察 u_o、u_i 的相位关系，记录于表 2-8-4 中。

表 2-8-4　　　　　　　　　　　　U_i、U_o 测量值记录表二

U_i（V）	U_o（V）	U_i 波形	U_o 波形	A_V	
				实测值	计算值

3. 同相比例放大器

电路如图 2-8-5 所示。

（1）按表 2-8-5 实验测量并记录。

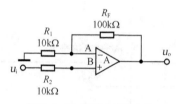

图 2-8-5　同相比例放大器

表 2-8-5　　　　　　　　　　　　U_o 测量值记录表二

直流输入电压 U_i（mV）		30	100	300	1000	3000
输出电压 U_o	理论估算（mV）					
	实测值（mV）					
	误差					

（2）断开直流信号源，在输入端加入频率 $f=100\text{Hz}$，$u_i=0.5\text{V}$ 的正弦信号，用毫伏表测量输出端的信号电压 u_o，并用示波器观察 u_o、u_i 的相位关系，记录于表 2-8-6 中。

表 2-8-6　　　　　　　　　　　　U_i、U_o 测量值记录表三

U_i（V）	U_o（V）	U_i 波形	U_o 波形	A_V	
				实测值	计算值

（3）测出电路的上限截止频率。

4. 反相求和放大电路

实验电路如图 2-8-6 所示。

按表 2-8-7 内容进行实验测量，并与预习计算比较。

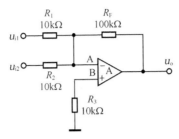

图 2-8-6 反相求和放大电路

表 2-8-7 U_o 测量值记录表三

V_{i1}（V）	0.3	−0.3
V_{i1}（V）	0.2	0.2
V_o（V）		

5．双端输入求和放大电路

实验电路如图 2-8-7 所示。

按表 2-8-8 要求实验并测量记录。

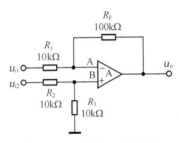

图 2-8-7 双端输入求和电路

表 2-8-8 U_o 测量值记录表四

u_{i1}（V）	1	2	0.2
u_{i1}（V）	0.5	1.8	−0.2
u_o（V）			

五、实验报告要求

（1）总结本实验中 5 种运算电路的特点及性能。

（2）分析理论计算与实验结果误差的原因。

六、思考题

（1）运算放大器在同相放大和反相放大时，在接法上有什么异同点？同相放大器若把反馈电路也接到同相端行不行？为什么？

（2）（设计）用反相比例运算电路实现 $U_o = -4U_i$，$R_{if} = 10kΩ$。

（3）用同相比例运算电路实现 $U_o = 5U_i$。

（4）实现 $U_o = A_{uf}(U_{i2} - U_{i1})$ 电路。要求 $A_{uf} = 4$，$R_{if} = 10\text{k}\Omega$。以上输入信号大小自定，交、直流自定。

实验九　单相铁芯变压器实验的研究

一、实验目的

（1）通过空载和短路实验测定变压器的变化和参数。
（2）通过负载实验测取变压器的运行特性。

二、原理说明

变压器的主要构件是初级线圈、次级线圈和铁芯，它通过线圈间的电磁感应，将一种电压等级的交流电能转换成同频率的另一种电压等级的交流电能。变压器是一种常见的电气设备，它具有变压、变流、变换阻抗和隔离电路的作用，在电力系统和电子线路中应用广泛。单相变压器即一次绕组和二次绕组均为单相绕组的变压器。

三、实验设备

本实验所需实验设备如表 2-9-1 所示。

表 2-9-1　　　　　　　　　　　　　实验设备列表

序　号	名称	型号和规格	数　量
1	电工教学实验台	DGJ-2	1
2	三相组式变压器		1
3	三相可调电阻器	DGJ-04	1
4	功率表、功率因数表	DGJ-07	1
5	交流电压表、电流表	0～500V，0～2A	1
6	旋转指示灯及开关板	DGJ-04	1

四、实验内容

1．空载实验

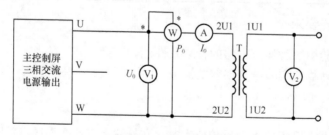

图 2-9-1　空载实验连接图

实验线路如图 2-9-1 所示，变压器 T 选用单独的组式变压器。实验时，变压器低压线圈 2U1、2U2 接电源，高压线圈 1U1、1U2 开路。A、V_1、V_2 分别为交流电流表、交流电压表。

W 为功率表，需注意电压线圈和电流线圈的同名端，避免接错线。实验步骤如下。

（1）在三相交流电源断电的条件下，将调压器旋钮逆时针方向旋转到底。并合理选择各仪表量程。变压器 T U_{1N}/U_{2N}=220V/110V，I_{1N}/I_{2N}=0.4A/0.8A

（2）合上交流电源总开关，即按下绿色"闭合"开关，顺时针调节调压器旋钮，使变压器空载电压 U_0=1.2U_N

（3）然后，逐次降低电源电压，在1.2～0.5U_N的范围内；测取变压器的 U_0、I_0、P_0，共取6～7组数据，记录于表2-9-2中。其中 $U=U_N$ 的点必须测，并在该点附近测的点应密些。为了计算变压器的变化，在 U_N 以下测取原方电压的同时测取副方电压，填入表2-9-2中。

（4）测量数据以后，断开三相电源，以便为下次实验做好准备。

表 2-9-2 　　　　　　　　　　U_0、I_0、P_0 测量值记录表

序　号	实验数据				计算数据
	U_0（V）	I_0（A）	P_0（W）	$U_{1U1.1U2}$	$\cos\varphi_2$
1					
2					
3					
4					
5					
6					
7					

2．短路实验

实验线路如图2-9-2所示。（每次改接线路时，都要关断电源）

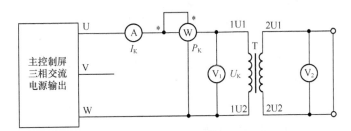

图 2-9-2　短路实验连接图

实验时，变压器 T 的高压线圈接电源，低压线圈直接短路。A、V、W 分别为交流电流表、电压表、功率表，选择方法同空载实验。实验步骤如下。

（1）断开三相交流电源，将调压器旋钮逆时针方向旋转到底，即使输出电压为零。

（2）合上交流电源绿色"闭合"开关，接通交流电源，逐次增加输入电压，直到短路电流等于1.1I_N为止。在0.5～1.1I_N范围内测取变压器的 U_k、I_k、P_k，共取6～7组数据记录于表2-9-3中，其中 $I_k=I_N$ 的点必测。并记录实验时周围环境温度（℃）。

表 2-9-3　　　　　　　　U_k、I_k、P_k 测量值记录表　　　　　室温 $\theta =$　　℃

序　号	实验数据			计算数据
	U_k（V）	I_k（A）	P_k（W）	$\cos\varphi_k$
1				
2				
3				
4				
5				
6				

3. 负载实验

实验线路如图 2-9-3 所示。

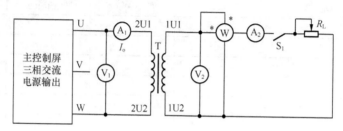

图 2-9-3　负载实验接线图

变压器 T 低压线圈接电源，高压线圈经过开关 S_1 接到负载电阻 R_L 上。R_L 选用 NMEL-03 的两只 900Ω 电阻相串联。开关 S_1 采用 NMEL-05 的双刀双掷开关，电压表、电流表、功率表（含功率因数表）的选择同空载实验。实验步骤如下。

（1）未上主电源前，将调压器调节旋钮逆时针调到底，S_1 断开，负载电阻值调节到最大。

（2）合上交流电源，逐渐升高电源电压，使变压器输入电压 $U_1=U_N=110\text{V}$。

（3）在保持 $U_1=U_N$ 的条件下，合下开关 S_1，逐渐增加负载电流，即减小负载电阻 R_L 的值，从空载到额定负载范围内，测取变压器的输出电压 U_2 和电流 I_2。

（4）测取数据时，$I_2=0$ 和 $I_2=I_{2N}=0.4\text{A}$ 必测，共取数据 6～7 组，记录于表 2-9-4 中。

表 2-9-4　　　　U_2、I_2 测量值记录表　　　$\cos\varphi_2=1$　　$U_1=U_N=110\text{V}$

序　号	1	2	3	4	5	6	7
U_2（V）							
I_2（A）							

五、实验报告

（1）变压器的空载和短路实验有什么特点？实验中电源电压一般加在哪一方较合适？

（2）在空载和短路实验中，各种仪表应怎样联接才能使测量误差最小？

（3）如何用实验方法测定变压器的铁耗及铜耗？

实验十　整流滤波与并联稳压电路

一、实验目的

（1）熟悉单相半波、全波、桥式整流电路。
（2）观察了解电容滤波作用。
（3）了解并联稳压电路。

二、实验仪器及材料

（1）示波器
（2）数字万用表

三、实验内容

1. 实验电路

半波整流、桥式整流电路实验电路分别如图 2-10-1、图 2-10-2 所示。

分别接两种电路，用示波器观察 V_2 及 V_L 的波形。并测量 V_2，V_D，V_L。

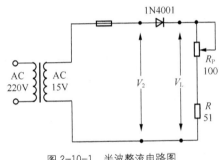

图 2-10-1　半波整流电路图

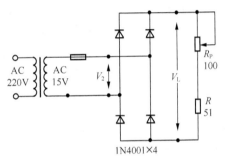

图 2-10-2　桥式整流电路图

2. 电容滤波电路

实验电路如图 2-10-3 所示。

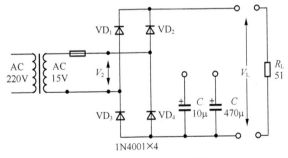

图 2-10-3　电容滤波电路图

（1）分别用不同电容接入电路，R_L 先不接，用示波器观察波形，用电压表测 V_L 并记录。
（2）接上 R_L，先用 $R_L=1k\Omega$，重复上述实验并记录。

（3）将 R_L 改为 150Ω，重复上述实验。

3. 并联稳压电路

实验电路如图 2-10-4 所示。

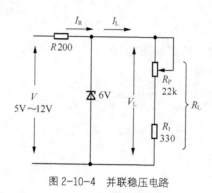

图 2-10-4　并联稳压电路

（1）电源输入电压不变，负载变化时电路的稳压性能。

改变负载电阻 R_L，使负载电流 $I_L = 1mA$、5mA、10mA，分别测量 V_L、V_R、I_L、I_R，计算电源输出电阻。

（2）负载不变，电源电压变化时电路的稳压性能。

用可调的直流电压变化模拟 220V 电源电压变化，电路接入前将可调电源调到 10V，然后调到 8V、9V、11V、12V，按表 2-10-1 内容测量填表，并计算稳压系统。

表 2-10-1　　　　　　　　　　　　V_L、V_R、I_L、I_R 测量记录表

V_1	V_L（V）	I_R（V）	I_L（mA）	I_R（mA）
10V				
8V				
9V				
11V				
12V				

四、实验报告

（1）整理实验数据并按实验内容计算。

（2）如图 2-10-4 所示电路能输出电流最大为多少？为获得更大电流应如何选用电路元器件及参数？

实验十一　单相电度表的校验

一、实验目的

（1）掌握电度表的接线方法。
（2）学会电度表的校验方法。

二、原理说明

（1）电度表是一种感应式仪表，是根据交变磁场在金属中产生感应电流从而产生转矩的

基本原理而工作的仪表，主要用于测量交流电路中的电能。它的指示器能随着电能的不断增大（也就是随着时间的延续）而连续地转动，从而能随时反应出电能积累的总数值。因此，它的指示器是一个"积算机构"，是将转动部分通过齿轮传动机构折换为被测电能的数值，由数字及刻度直接指示出来。

它的驱动元件是由电压铁芯线圈和电流铁芯线圈在空间上、下排列，中间隔以铝制的圆盘。驱动两个铁芯线圈的交流电，建立起合成的特殊分布的交变磁场，并穿过铝盘，在铝盘上产生出感应电流。该电流与磁场的相互作用结果产生转动力矩驱使铝盘转动。铝盘上方装有一个永久磁铁，其作用是对转动的铝盘产生制动力矩，使铝盘转速与负载功率成正比。因此，在某一段测量时间内，负载所消耗的电能 W 就与铝盘的转数 n 成正比，即 $N = \dfrac{n}{W}$。比例系数 N 称为电度表常数，常在电度表上标明，其单位是转 / 1 千瓦小时。

（2）电度表的灵敏度是指在额定电压、额定频率及 $\cos\varphi = 1$ 的条件下，从零开始调节负载电流，测出铝盘开始转动的最小电流值 $I_{\min}$，则仪表的灵敏度表示为 $S = \dfrac{I_{\min}}{I_N} \times 100\%$ 式中的 I_N 为电度表的额定电流。$I_{\min}$ 通常较小，约为 I_N 的 0.5%。

（3）电度表的潜动是指负载电流等于零时，电度表仍出现缓慢转动的现象。按照规定，无负载电流时，在电度表的电压线圈上施加其额定电压的 110%（达 242V）时，观察其铝盘的转动是否超过一圈。凡超过一圈者，判为潜动不合格。

三、实验设备

本实验所需实验设备如表 2-11-1 所示。

表 2-11-1　　　　　　　　　　　　　实验设备列表

序　号	名　　称	型号与规格	数　量	备　注
1	电度表	1.5（6）A	1	
2	单相功率表		1	（DGJ-07）
3	交流电压表	0～500V	1	
4	交流电流表	0～5A	1	
5	自耦调压器		1	
6	白炽灯	220V，100W	3	自备
7	灯泡、灯泡座	220V，25W	9	DGJ-04
8	秒表		1	自备

四、实验内容与步骤

记录被校验电度表的数据：额定电流 $I_N =$＿＿＿＿＿，额定电压 $U_N =$＿＿＿＿＿，电度表常数 $N =$＿＿＿＿＿，准确度为＿＿＿＿＿＿＿＿＿＿。

1．用功率表、秒表法校验电度表的准确度

按图 2-11-1 接线。电度表的接线与功率表相同，其电流线圈与负载串联，电压线圈与负载并联。

线路经指导教师检查无误后，接通电源。将调压器的输出电压调到 220V，按表 2-11-2 的要求接通灯组负载，用秒表定时记录电度表转盘的转数及记录各仪表的读数。

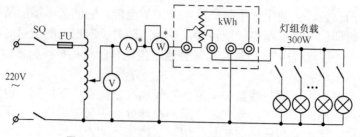

图 2-11-1　用功率表、秒表法校验电度表连接图

为了准确地记时及计圈数，可将电度表转盘上的一小段着色标记刚出现（或刚结束）时作为秒表计时的开始，并同时读出电度表的起始读数。此外，为了能记录整数转数，可先预定好转数，待电度表转盘刚转完此转数时，作为秒表测定时间的终点，并同时读出电度表的终止读数。所有数据记入表 2-11-2。

建议 n 取 24 圈，则 300W 负载时，需时 2 分钟左右。

表 2-11-2　　　　　　　　　　　　　U、I、W、T 测量值记录表

负载情况	测　量　值							计　算　值		
	U （V）	I （A）	电表读数（kWh）			时间 （s）	转数 n	计算 电能 W'（kWh）	ΔW/W （%）	电度表 常数 N
			起	止	W					
300W										
300W										

为了准确和熟悉，可重复多做几次。

2．电度表灵敏度的测试

电度表灵敏度的测试要用到专用的变阻器，一般都不具备。此处可将图 2-11-1 中的灯组负载改成三组灯组相串联，并全部用 220V、25W 灯泡。再在电度表与灯组负载之间串接电阻。电阻取自 DGJ-05 挂箱上的 8W、10K、20K 电阻（面板标注为 2W，为配合本实验，这两只电阻实际为 8W）。每组先开通一只灯泡。接通 220V 后看电度表转盘是否开始转动。然后逐只增加灯泡或者减少电阻。直到转盘开转。则这时电流表的读数可大致作为其灵敏度。请同学们自行估算其误差。

做此实验前应使电度表转盘的着色标记处于可看见的位置。由于负载很小，转盘的转动很缓慢，必须耐心观察。

3．检查电度表的潜动是否合格

断开电度表的电流线圈回路，调节调压器的输出电压为额定电压的 110%（即 242V），仔细观察电度表的转盘有否转动。一般允许有缓慢地转动。若转动不超过一圈即停止，则该电度表的潜动为合格，反之则不合格。

实验前应使电度表转盘的着色标记处于可看见的位置。由于"潜动"非常缓慢，要观察正常的电度表"潜动"是否超过一圈，需要一小时以上。

五、实验注意事项

（1）本实验台配有一只电度表，实验时，只要将电度表挂在 DGJ-04 挂箱上的相应位置，

并用螺母紧固即可。接线时要卸下护板。实验完毕，拆除线路后，要装回护板。

（2）记录时，同组同学要密切配合。秒表定时、读取转数和电度表读数步调要一致，以确保测量的准确性。

（3）实验中用到 220V 强电，操作时应注意安全。凡需改动接线，必须切断电源，接好线后，经检查无误才能加电。

六、预习思考题

（1）查找有关资料，了解电度表的结构、原理及其检定方法。

（2）电度表接线有哪些错误接法，它们会造成什么后果？

七、实验报告

（1）对被校电度表的各项技术指标作出评论。

（2）对校表工作的体会。

实验十二　常用逻辑门电路的测试

一、实验目的

（1）熟悉集成门电路的工作原理和主要参数。

（2）熟悉集成门电路的外型引脚排列及应用事项。

（3）验证和掌握门电路的逻辑功能。

二、实验设备

（1）数电实验箱

（2）数字万用表

（3）元器件：CD4011（与非门）　　　CD4001（或非门）

　　　　　　CD4030（异或门）　　　CD4071（或门）

三、实验内容

1. 测 CD4011（与非门）的逻辑功能

将 CD4011 正确接入插座，注意识别 1 脚位置（集成块正面放置且缺口向左，则左下角为 1 脚）。按表 2-12-1 要求输入高、低电平信号，测出相应的输出逻辑电平。得表达式为

$Y = \overline{A \cdot B}$

表 2-12-1　　　　　　　　　　CD4011（与非门）测量值记录表

A	B	Y
0	0	
0	1	
1	0	
1	1	

2．测试 CD4001（或非门）的逻辑功能

将 CD4001 正确接入插座，注意识别 1 脚位置（集成块正面放置且缺口向左，则左下角为 1 脚）。按表 2-12-2 要求输入高、低电平信号，测出相应的输出逻辑电平。得表达式为 $Y = \overline{A+B}$

表 2-12-2　　　　　　　　　　　CD4001（或非门）测量值记录表

A	B	Y
0	0	
0	1	
1	0	
1	1	

3．测试 CD4030（异或门）的逻辑功能

将 CD4030 正确接入插座，注意识别 1 脚位置（集成块正面放置且缺口向左，则左下角为 1 脚）。按表 2-12-3 要求输入高、低电平信号，测出相应的输出逻辑电平。得表达式为 $Y = A \oplus B$

表 2-12-3　　　　　　　　　　　CD4030（异或门）测量值记录表

A	B	Y
0	0	
0	1	
1	0	
1	1	

4．测试 CD4071（或门）的逻辑功能

将 CD4071 正确接入插座，注意识别 1 脚位置（集成块正面放置且缺口向左，则左下角为 1 脚）。按表 2-12-4 要求输入高、低电平信号，测出相应的输出逻辑电平。得表达式为 $Y = A+B$

表 2-12-4　　　　　　　　　　　CD4071（异或门）测量值记录表

A	B	Y
0	0	
0	1	
1	0	
1	1	

5．利用与非门组成其他逻辑门电路

（1）用 2 输入与非门 CD4011（或 74HC00）集成块组成非门。

转换公式如下：$Y = \overline{A} = \overline{A \cdot A} = \overline{A \cdot 1}$。

（2）用 2 输入与非门 CD4011（或 74HC00）集成块组成或门。

转换公式如下：$Y = A+B = \overline{\overline{A+B}} = \overline{\overline{A} \cdot \overline{B}}$。

（3）组成与门　　$Y = A \cdot B$

画出电路图，在实验箱上接线测试，根据表 2-12-5 式样填真值表。

表 2-12-5　　　　　　　　　**与非门组成其他逻辑门电路测量值记录表**

输　　入		输　出　Y	
A	B	实测	仿真
0	0		
0	1		
1	0		
1	1		

6．用与非门控制信号输出

（1）用一片 CD4011 集成块，按图 2-12-1 的电路图分别在实验箱上接线，S 接电平开关，用指示灯观察 S 对输出脉冲的控制作用。

（2）回答：与非门一个输入端输入脉冲源，其余端什么状态时脉冲可通过？什么状态时禁止脉冲通过？

注意：在实验箱上观察时，输入的脉冲频率必须小到眼睛能看清。S 接电平开关。

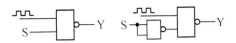

图 2-12-1　控制输出电路原理图

四、预习思考题

（1）怎样判断门电路逻辑功能是否正常？

（2）异或门又称可控反相门，为什么？

五、实验报告要求

（1）写出实验目的、内容、设计过程，画出逻辑电路图，记录、整理实验结果。

（2）总结对逻辑门电路的认识，对门电路替换、接线的体会。

（3）回答预习思考题。

实验十三　集成 JK 触发器和计数器

一、实验目的

（1）掌握集成 JK 触发器的逻辑功能测试的方法。

（2）熟悉集成计数器的逻辑功能和各个控制端作用。

（3）掌握计数器使用方法。

二、实验仪表、设备

本实验所需实验设备如表 2-13-1 所示。

表 2-13-1 实验设备列表

序　号	名　　称	规格、型号	数　量
1	RS、D、JK 触发器	TX0833　15	1
2	或非，或及电平输出实验板	TX0833　07	1
3	LED 七段码显示器	TX0833　18	1
4	电源板	TX0833　19	1
5	二、十进制计数器	TX0833　17	1
6	译码器	TX0833　11	1
7	与，与非门实验板	TX0833　09	1
8	信号发生器		1
9	双踪示波器		1

三、实验内容

（1）自己设计一防抖开关（能可靠产生上升沿及下降沿）来测试 JK 触发器 74LS76 的逻辑功能，测试表格自拟。

（2）将 JK 触发器的 JK 端连在一起，并令 J=K=1 时，CP 端加连续脉冲，用双踪示波器观察 Q～CP 波形，并在方格纸上描绘波形。

（3）测试 74LS168 四位十进制同步计数器的逻辑功能

计数脉冲由单次脉冲源提供，置数端 LD，数据输入端 A、B、C、D 分别接逻辑开关，输出 Q_A、Q_B、Q_C、Q_D 接数显译码器相应的端口 A、B、C、D，译码器的输出接显示数码管，将结果填入表 2-13-2 中。

表 2-13-2

计数脉冲	控制端输入			数据输入				数据输出				功　能
	LD	EP	ET	A	B	C	D	Q_A	Q_B	Q_C	Q_D	

四、实验预习要求

（1）复习 JK 触发器的结构特点、工作原理及触发方式。

（2）复习计数器的组成、工作原理，查找 74LS168 功能表。

（3）预习实验指导书附表有关内容。

五、实验步骤

自拟

六、总结报告要求

（1）描绘出从示波器中观察到的 JK 触发器的 CP～Q 的波形。

（2）说明二进制计数器与十进制计数器有什么区别。

（3）说明 74LS168 四位十进制同步计数器的逻辑功能。

实验十四 集成计数器与寄存器的应用

一、实验目的

（1）掌握中规模 4 位双向移位寄存器的逻辑功能及使用方法。
（2）掌握中规模集成计数器的功能及使用及方法。
（3）了解译码器和显示器的功能。

二、仪器设备

（1）THD—4 数字电路实验箱   1 台
（2）MF−30 型万用表或数字万用表   1 台
（3）GOS-620 20MHz 2 通道示波器 1 台

三、实验原理简述

1. 中规模四位二进制计数器（十六进制计数器）74LS161

74LS161 具有预置数、异步置零和保持等功能，其功能表及管脚如图 2-14-1 所示。图中：$\overline{LD}$ 为置数端；$D_0 \sim D_3$ 为数据输入端；C 为进位输出端；$\overline{R}_D$ 为异步清零（复位）端；EP 和 ET 为工作状态控制端（使能端）；$Q_A \sim Q_D$ 为数据输出端；CP 为计数脉冲。根据 $\overline{R}_D$ 和 $\overline{LD}$ 的功能，可用清零法和置数法实现小于十六进制的任意进制计数器。

CP	$\overline{R}_D$	$\overline{LD}$	EP	ET	工作状态
×	0	×	×	×	置零
↑	1	0	×	×	预置数
×	1	1	0	1	保持
×	1	1	×	0	保持（但 C=0）
↑	1	1	1	1	计数

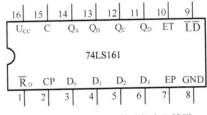

图 2-14-1 74LS161 的功能表及管脚

2. 中规模 4 位双向移位寄存器 74LS194

移位寄存器是一个具有移位功能的寄存器。是指寄存器中所存的代码能够在移位脉冲的作用下依次左移或右移。既能左移又能右移的称为双向移位寄存器，只需要改变左、右移的控制信号便可实现双向移位要求。根据移位寄存器存取信息的方式不同分为：串入串出、串入并出、并入串出、并入并出四种形式。

　　本实验选用的 4 位双向通用移位寄存器，型号为 74LS194，其功能表及管脚如图 2-14-2 所示。其中 D_0、D_1、D_2、D_3 为并行输入端；Q_0、Q_1、Q_2、Q_3 为并行输出端；D_{IR} 为右移串行输入端，D_{IL} 为左移串行输入端；S_1、S_0 为操作模式控制端；$\overline{R}_D$ 为直接无条件清零端；CP 为计数脉冲输入端。

　　74LS194 有 5 种不同操作模式：即并行送数寄存，右移（方向由 $Q_0 \rightarrow Q_3$），左移（方向由 $Q_3 \rightarrow Q_0$），保持及清零。S_1、S_0 和 $\overline{R}_D$ 端的控制作用见下表。

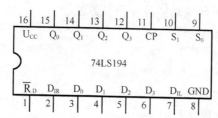

功能	输 入									输 出			
	CP	$\overline{R}_D$	S_1	S_0	D_{IR}	D_{IL}	D_0	D_1	D_2	Q_0	Q_1	Q_2	Q_3
清除	×	0	×	×	×	×	×	×	×	×	0	0	0	0
送数	↑	1	1	1	×	×	a	b	c	d	a	b	c	d
右移	↑	1	0	1	D_{IR}	×	×	×	×	×	D_{IR}	Q_0	Q_1	Q_2
左移	↑	1	1	0	×	D_{IL}	×	×	×	×	Q_1	Q_2	Q_3	D_{IL}
保持	↑	1	0	0	×	×	×	×	×	×	Q_0	Q_1	Q_2	Q_3
保持	↓	1	×	×	×	×	×	×	×	×	Q_0	Q_1	Q_2	Q_3

图 2-14-2　74LS194 的功能表及管脚

四、预习要求

（1）复习 74LS161 和 74LS194 芯片的管脚和功能。

（2）根据实验要求设计电路。

（3）熟悉 THD—4 数字电路实验箱的使用，设计好实验步骤。

五、内容和步骤

1. 测试 74LS161 的逻辑功能

　　按图 2-14-1 管脚图，接通+5V 直流电源。将复位端 $\overline{R}_D$、置数端 $\overline{LD}$、数据输入端 D_3、D_2、D_1、D_0 分别接逻辑电平输出插孔，输出端 Q_D、Q_C、Q_B、Q_A 接 LED 译码显示器的输入插孔 D、C、B、A；进位端 C 接逻辑电平显示插孔，计数脉冲由单次脉冲源提供。按图 2-14-1 中功能表的内容逐项测试并判断该芯片的功能是否正常。结果记入自拟表格中。

2. 利用 74LS161 芯片连接成十进制计数器

　　将输出端 Q_A、Q_B、Q_C、Q_D 接至逻辑电平显示插孔，在 CP 端加入计数脉冲，显示输出状态正确后，将输出接至译码显示器的输入端 D、C、B、A，即可译出相应的数码并显示出来。

3. 测试 74LS194 的逻辑功能

　　按图 2-14-2 管脚图，接通+5V 直流电源。将 $\overline{R}_D$、S_1、S_0、D_{IL}、D_{IR}、D_0、D_1、D_2、D_3

分别接至逻辑电平输出插孔；Q_0、Q_1、Q_2、Q_3 接逻辑电平显示插孔，CP 端接单次脉冲源。按图 2-14-2 中功能表的内容逐项进行测试，将测量值填入表 2-14-1 中。

（1）清除：令 $\overline{R}_D$=0，其他输入均为任意态，这时寄存器输出 Q_0、Q_1、Q_2、Q_3 应全为 0。测试完毕后，置 $\overline{R}_D$=1。

（2）送数：令 $\overline{R}_D=S_1=S_0=1$，送入任意 4 位二进制数，如 $D_0D_1D_2D_3$=1010，加 CP 脉冲，观察 CP=0、CP 由 0→1、CP 由 1→0 三种情况下寄存器输出状态变化是否发生在 CP 脉冲的上升沿。

（3）右移：清零后，令 $\overline{R}_D$=1，S_1=0，S_0=1，依次由右移输入端 D_{IR} 送入二进制数码如 0100，由 CP 端连续加 4 个脉冲，观察输出情况。

（4）左移：先清零或予置，再令 $\overline{R}_D$=1，S_1=1，S_0=0，依次由左移输入端 D_{IL} 送入二进制数码如 1111，连续加四个 CP 脉冲，观察输出端情况。

（5）保持：寄存器予置任意 4 位二进制数码××××，令 $\overline{R}_D$=1，$S_1=S_0$=0，加 CP 脉冲，观察寄存器输出状态。

表 2-14-1 　　　　　　　　　　　 Q_0、Q_1、Q_2、Q_3 测量值记录表

清除	模　式		时钟	串　　行		输　　入	输　　出
$\overline{R}_D$	S_1	S_0	CP	D_{IL}	D_{IR}	$D_0\ D_1\ D_2\ D_3$	$Q_0\ Q_1\ Q_2\ Q_3$
0	×	×	×	×	×	×　×　×　×	
1	1	1	↑	×	×		
1	0	1	↑	×	0	×　×　×　×	
1	0	1	↑	×	1	×　×　×　×	
1	0	1	↑	×	0	×　×　×　×	
1	0	1	↑	×	0	×　×　×　×	
1	1	0	↑	1	×		
1	1	0	↑	1	×		
1	1	0	↑	1	×		
1	1	0	↑	1	×		
1	0	0	↑	×	×	×　×　×　×	

4．利用 74LS194 中规模双向移位寄存器使八个灯从左至右依次变亮，再从左至右依次熄灭，应如何连线？在实验箱上搭接逻辑电路并验证设计结果。

选做内容：

综合性实验——四人抢答电路的实现

利用 D 触发器设计四人抢答电路，画出电路原理图及芯片实现图，并在实验箱上搭接逻辑电路验证设计结果。

六、实验报告要求

画出逻辑电路，总结各芯片的功能。

实验十五　A/D、D/A 转换器

一、实验目的

（1）了解 A/D 和 D/A 转换器的基本工作原理和基本结构。
（2）掌握规模集成 A/D 和 D/A 转换器的功能及典型应用。

二、实验设备

本实验所需实验设备如表 2-15-1 所示。

表 2-15-1 　　　　　　　　　　**实验设备列表**

序　号	名　称	规格型号	数　量
1	双踪示波器		
2	逻辑电平开关		
3	电平指示器		
4	数字电压表		
5	A/D、D/A 转换板	TX0833－22	

三、实验内容

1. 模—数转换器（A/D 转换器，简称 ADC）

模—数转换器是用来将模拟量转换成数字量，本实验选用大规模集成电路，A/D、D/A 转换板 TX0833－22 来实现 D/A 转换。将 TX0833－22 加＋5V 电源，接线如图 2-15-1 所示，A_0、A_1 为选择输入模拟信号 V_{in0}…V_{in3} 地址，接逻辑电平开关。调节电位器 R_1 可以改变输入电压；D_0…D_7 为转换后的输出，接电平指示器。按照表 2-15-2 的格式要求记录 V_{in0}…V_{in3} 四路模拟信号的转换结果，并将结果换算成十进制数表示的电压值，与数字电压表实测的各路输入电压值进行比较，分析误差原因。整个实验过程输入模拟电压不能超过 5V。

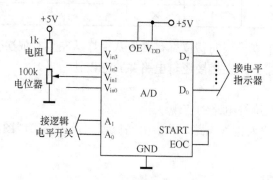

图 2-15-1　A/D 转换接线示意图

2. 数—模转换器（D/A 转换器，简称 DAC）

数—模转换器是用来将数字量转换成模拟量，本实验选用大规律集成电路，A/D、D/A 转换板 TX0833－22 来实现 D/A 转换，将 TX0833－22 加＋5V 电源，接线如图 2-15-2 所示。

数字量由逻辑开关输入到 $D_0D_1D_2D_3D_4D_5D_6D_7$，由输出脚输出电压。按照表 2-15-3 输出结果记录表所列的输入数字信号量，用数字电压表测量运放的输出电压 V_0，记录测量的结果，填入表中。参考电压内部给定为+5V。

表 2-15-2   **A/D 转换实验结果记录表**

模拟输入通道 V_x	模拟量输入 V_i	地址选择 A_1A_0	输出数字量 $D_7D_6D_5D_4D_3D_2D_1D_0$							
			1	1	1	1	1	1	1	1
			0	1	1	1	1	1	1	1
			0	0	1	1	1	1	1	1
			0	0	0	1	1	1	1	1
			0	0	0	0	1	1	1	1
			0	0	0	0	0	0	1	1
			0	0	0	0	0	0	0	1
			0	0	0	0	0	0	0	0

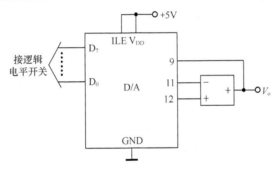

图 2-15-2   D/A 转换接线示意图

表 2-15-3   **D/A 转换实验结果记录表**

输入数字量								输出模拟量 V_O
D_7	D_6	D_5	D_4	D_3	D_2	D_1	D_0	
0	0	0	0	0	0	0	1	
0	0	0	0	0	0	1	0	
0	0	0	0	0	1	0	0	
0	0	0	0	1	0	0	0	
0	0	0	1	0	0	0	0	
0	0	1	0	0	0	0	0	
0	1	0	0	0	0	0	0	
1	0	0	0	0	0	0	0	
1	1	1	1	1	1	1	1	

四、实验预习要求

（1）熟悉掌握 A/D 和 D/A 转换的工作原理。

（2）了解熟悉 ADC0809、DAC0832 各脚的功能含义。

五、实验报告

（1）整理实验数据，分析实验结果。

（2）分析转换精度与哪些因素有关，采取什么措施可以减小或者增大转换精度？

实验十六　555 定时器及其应用

一、实验目的

（1）熟悉 555 定时器的电路结构、工作原理及其特点。

（2）掌握 555 定时器的基本应用。

二、仪器设备

（1）数字电路实验箱　　　　　　　　　　　　1 台

（2）MF-30 型万用表或数字万用表　　　　　　1 台

（3）双通道示波器　　　　　　　　　　　　　1 台

三、实验原理及参考电路

555 定时器是一种数字和模拟混合的集成电路，内部结构和管脚见图 2-16-1。

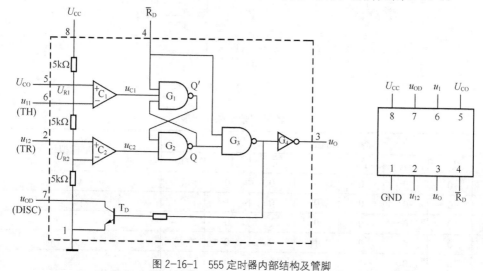

图 2-16-1　555 定时器内部结构及管脚

1. 555 定时器的工作原理

555 定时器含有两个电压比较器，一个 SR 锁存器，一个放电管 T_D。比较器的参考电压由三只 $5k\Omega$ 的电阻器构成的分压器提供。它们分别使高电平比较器 C_1 的同相输入端和低电平比较器 C_2 的反相输入端的参考电平为 $\frac{2}{3}U_{CC}$ 和 $\frac{1}{3}U_{CC}$。C_1 与 C_2 的输出端控制 SR 锁存器状态和放电管状态。其功能表见表 2-16-1。

$\overline{R}_D$ 是复位端（4 脚），当 $\overline{R}_D=0$ 时，555 输出低电平。平时 $\overline{R}_D$ 端开路或接 U_{CC}。

U_{CO} 是控制电压端（5 脚），平时输出 $\frac{2}{3}U_{CC}$ 作为比较器 C_1 的参考电平，当 5 脚外接一个输入电压，即改变了比较器的参考电平，从而实现对输出的另一种控制。在不接外加电压时，通常接一个 $0.01\mu F$ 的电容器到地，起滤波作用，以消除外来的干扰，确保参考电平的稳定。

表 2-16-1   555 定时器功能表

输　入			输　出	
阈值端 6	触发端 2	复位端 4	输出端 3	放电端 7
×	×	0	0	导通
$<\frac{2}{3}U_{CC}$	$<\frac{1}{3}U_{CC}$	1	1	截止
$>\frac{2}{3}U_{CC}$	$>\frac{1}{3}U_{CC}$	1	0	导通
$<\frac{2}{3}U_{CC}$	$>\frac{1}{3}U_{CC}$	1	不变	不变

2．555 定时器的典型应用

用 555 定时器外接电容、电阻元件时，实现单稳、双稳、多谐振荡器、施密特触发器等基本电路，还可以接成各种应用电路，如变音信号发生器、电子门铃等。

四、预习要求

（1）复习有关 555 定时器的工作原理及其应用。
（2）拟定实验中所需的数据、表格，准备方格纸。

五、实验内容及步骤

用 555 定时器设计一多谐振荡器，要求输出频率为 1kHz，占空比为 50%，画出设计电路，计算元件参数，记录输出波形。

输出信号的时间参数是：

充电时间：$T_{W_1}=0.7(R_1+R_2)C_1$ 放电时间：$T_{W_2}=0.7R_2C_1$

振荡周期：$T=T_{W_1}+T_{W_2}=0.7(R_1+2R_2)C_1$；   振荡频率：$f=\dfrac{1}{T}\approx\dfrac{1.44}{(R_1+2R_2)C_1}$

占空比 $D=\dfrac{T_{W_1}}{T}=\dfrac{R_1+R_2}{R_1+2R_2}$ ，当 $R_2>R_1$ 时，占空比约为 50%。

振荡周期、占空比仅与 R_1、R_2 和 C_1 有关，不受电源电压变化的影响。改变 R_1、R_2，即可改变占空比。改变 C_1 时，只单独改变周期，而不影响占空比。同时要求 R_1 与 R_2 均应大于或等于 1kΩ，但 R_1+R_2 应小于或等于 3.3MΩ。

六、实验报告要求

（1）绘出观测到的波形。
（2）分析、总结实验结果。
（3）在多谐振荡器电路中，是否能输出锯齿波电压？应怎样连接？

第三部分 综合设计性实验

实验一 受控源特性的研究

一、实验目的

通过测试受控源的外特性及其转移参数，进一步理解受控源的物理概念，加深对受控源的认识和理解。

二、原理说明

（1）电源有独立电源（如电池、发电机等）与非独立电源（或称为受控源）之分。

受控源与独立源的不同点是：独立源的电势 E_s 或电流 I_s 是某一固定的数值或是时间的某一函数，它不随电路其余部分的状态而变。而受控源的电势或电激流则是随电路中另一支路的电压或电流而变的一种电源。

受控源又与无源元件不同，无源元件两端的电压和它自身的电流有一定的函数关系，而受控源的输出电压或电流则和另一支路（或元件）的电流或电压有某种函数关系。

（2）独立源与无源元件是二端器件，受控源则是四端器件，或称为双口元件。

它有一对输入端（U_1、I_1）和一对输出端（U_2、I_2）。输入端可以控制输出端电压或电流的大小。施加于输入端的控制量可以是电压或电流，因而有两种受控电压源（即电压控制电压源 VCVS 和电流控制电压源 CCVS）和两种受控电流源（即电压控制电流源 VCCS 和电流控制电流源 CCCS）。它们的示意图如图 3-1-1 所示。

（3）当受控源的输出电压（或电流）与控制支路的电压（或电流）成正比变化时，则称该受控源是线性的。

（4）受控源的控制端与受控端的关系式称为转移函数。

4 种受控源的转移函数参量的定义如下：

（1）压控电压源（VCVS）：$U_2=f(U_1)$，$u=U_2/U_1$ 称为转移电压比（或电压增益）。

（2）压控电流源（VCCS）：$I_2=f(U_1)$，$g_m=I_2/U_1$ 称为转移电导。

（3）流控电压源（CCVS）：$U_2=f(I_1)$，$r_m=U_2/I_1$ 称为转移电阻。

（4）流控电流源（CCCS）：$I_2=f(I_1)$，$a=I_2/I_1$ 称为转移电流比（或电流增益）。

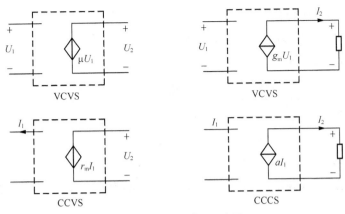

图 3-1-1 4 种受控源示意图

三、实验设备

本实验所需实验设备如表 3-1-1 所示。

表 3-1-1 实验设备列表

序 号	名 称	型号与规格	数 量	备 注
1	可调直流稳压源	0～30V	1	
2	可调恒流源	0～200mA	1	
3	直流数字电压表	0～200V	1	
4	直流数字毫安表	0～200mA	1	
5	可变电阻箱	0～99999.9Ω	1	DGJ—05
6	受控源实验电路板		1	DGJ—08

四、实验内容

（1）测量受控源 VCVS 的转移特性 $U_2=f(U_1)$ 及负载特性 $U_2=f(I_L)$，实验线路如图 3-1-2 所示。

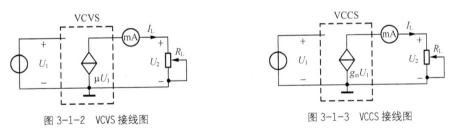

图 3-1-2 VCVS 接线图　　　　　　　图 3-1-3 VCCS 接线图

① 不接电流表，固定 $R_L=2\text{k}\Omega$，调节稳压电源输出电压 U_1，测量 U_1 及相应的 U_2 值，记入表 3-1-2 中。

表 3-1-2 U_2 测量值记录表

U_1（V）	0	1	2	3	5	7	8	9
U_2（V）								
μ								

在坐标纸上绘出电压转移特性曲线 $U_2=f(U_1)$，并在其线性部分求出转移电压比 μ。

② 接入电流表，保持 $U_1=2V$，调节 R_L 可变电阻箱的阻值，测 U_2 及 I_L，填入表 3-1-3 中，绘制负载特性曲线 $U_2=f(I_L)$。

表 3-1-3 U_2 及 I_L

R_L（Ω）	50	70	100	200	300	400	500	∞
U_2（V）								
I_L（mA）								

（2）测量受控源 VCCS 的转移特性 $I_L=f(U_1)$ 及负载特性 $I_L=f(U_2)$，实验线路如图 3-1-3 所示。

① 固定 $R_L=2k\Omega$，调节稳压电源的输出电压 U_1，测出相应的 I_L 值，填入表 3-1-4 绘制 $I_L=f(U_1)$ 曲线，并由其线性部分求出转移电导 g_m。

表 3-1-4 I_L 测量值记录表

U_1(V)	0.1	0.5	1.0	2.0	3.0	3.5	3.7	4.0
I_L(mA)								
g_m								

② 保持 $U_1=2V$，令 R_L 从大到小变化，测出相应的 I_L 及 U_2，填入表 3-1-5 绘制 $I_L=f(U_2)$。

表 3-1-5 I_L 及 U_2 测量值记录表

R_L(kΩ)	5	4	2	1	0.5	0.4	0.3	0.2	0.1	0
I_L(mA)										
U_2(V)										

五、预习思考题

（1）4 种受控源中的 r_m、g_m、α 和 μ 的意义是什么？如何测量？

（2）若受控源控制量的极性反向，试问其输出极性是否发生变化？

（3）受控源的控制特性是否适合于交流信号？

六、实验报告

（1）根据实验数据，在方格纸上分别绘出 4 种受控源的转移特性和负载特性曲线，求出相应的转移参量。

（2）对预习思考题作必要的回答。

（3）对实验的结果作出合理的分析和结论，总结对两种受控源的认识和理解。

实验二   RC 一阶电路的响应测试的研究

一、实验目的

（1）学习和掌握用示波器观察和分析电路的响应。

（2）研究 RC 一阶电路在零输入、阶跃激励、方波激励下，响应的基本规律和特点。

（3）了解 RC 一阶电路时间常数对过渡过程的影响，学会用示波器测定时间常数。

（4）进一步了解一阶微分电路和积分电路的特性。

（5）掌握简单动态电路的基本设计方法及 Multisim 仿真。

二、实验原理

一阶电路的全响应=零状态响应+零输入响应。当 RC 电路的输入信号为方波信号并且 RC 电路的时间常数 $\tau < T/8$ 时，RC 电路的响应可视为零状态响应和零输入响应的多次重复过程。方波作用期间，电路的响应为零状态响应，而在方波不作用期间，电路的响应为零输入响应；为清楚地观察到响应的全过程，可使方波的半周期和事件常数保持 5:1 左右的关系，由于方波是周期信号，可使用普通示波器显示出稳定的图形，如图 3-2-1 和图 3-2-2 所示。

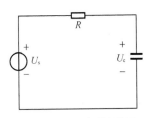

图 3-2-1　RC 串联电路图

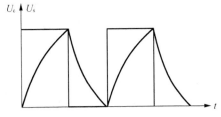

图 3-2-2　RC 串联电路波形

时间常数 τ 是反映电路过渡过程快慢的物理量，τ 越大，过渡过程时间越长，反之，过渡过程时间越短。通常认为 $t>4\tau$ 时，系统就进入了稳定状态。在方波作用期间，电容电压按以下规律上升：$U_c(t)=U_s(1-e^{-\frac{t}{\tau}})$

当 $t=\tau$ 时，$U_c=0.632U_s$，因此可以从示波器上显示的 U_c 波形测出时间常数，如图 3-2-3 所示。若方波 U_s 一个周期的宽度为 n 格，而 $U_c=0.632U_s$ 的宽度为 m 格，则：$\tau=\dfrac{m}{fn}(\mathrm{s})$

式中：f 为方波的频率。

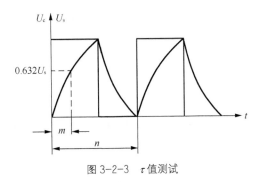

图 3-2-3　τ 值测试

三、实验内容

1. 研究 RC 电路阶跃响应

用直流电压电源为激励，自行设计实验线路，用示波器观察 RC 电路的零输入响应和零状态响应波形。实验中分别采用两个电容器并联或单用一个电容器观察其波形变化。实验中电源激励分别采用 5V、10V，R 取 50kΩ、50kΩ，电容器用 47 μF。

2．研究 RC 电路的方波响应

（1）用示波器观察 RC 一阶电路的方波响应，并测定其时间常数 τ。按图 3-2-4 接线，$R=10$kΩ，$C=0.1$μF，$U_s(t)$ 为功率函数发生器产生的方波，它的周期 T 取 10τ(s)。此时可在示波器上观察到 $U_s(t)$ 和 $U_c(t)$ 的波形，将波形描绘在坐标纸上。

调整示波器和函数发生器，使能方便测出 m、n，并与理论计算值比较（见表 3-2-1）。

（2）设计一个 RC 一阶积分电路，观察积分电路的输入 $U_s(t)$ 和输出 $U_c(t)$ 波形，并绘于同一坐标纸上。

（3）设计一个 RC 一阶微分电路。当 $\tau < T$（一般认为 $\tau = T/10$）时，输出电压 $U_R(t)$ 与输入电压 $U_s(t)$ 对时间的微分成正比。用示波器观察输入、输出信号的波形，并绘于同一坐标纸上。

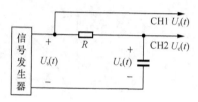

图 3-2-4　RC 串联实验电路

表 3-2-1　　　　　　　　　　　　　　　τ(s) 测量值记录表

R(kΩ)	C	f(Hz)	τ(s)(理论值)	τ(s)（测量值）
10	0.1μF	1000		
10	0.47μF	1000		
10	6800pF	1000		
30	0.1μF	1000		

（4）设计一阶 RC 动态电路并用 Multisim 仿真。

设计一个一阶 RC 串联电路，要求电容电压的充电上升时间（从 $0U_s \sim 0.9U_s$）为 0.01s，放电下降时间（$1U_s \sim 0.1U_s$）为 0.015s。

四、实验报告要求

（1）整理测试数据，填入各个表格中。

（2）通过实验任务 1，分析各参数如何影响 RC 电路零输入和零状态响应波形。

（3）把观察绘出的各响应的波形分别画在直角坐标系中，并要求作出必要的说明。

（4）从方波响应的波形中估算出，并与理论值相比较。

（5）对实验任务 2、3，要求画出所设计的实验线路，标明各元件的参数并说明设计思想。

（6）对实验任务 4，说明设计思想，对设计的电路进行理论计算，用 Multisim 仿真，仿真结果打印粘贴于实验报告上。

（7）对所测各值和波形作误差分析。

（8）回答思考题。

实验三 交流参数的测定

一、实验目的

（1）加深理解正弦交流电路中电压和电流的相量概念。

（2）学习单相交流电路的电流、电压、功率的测量方法。

（3）学习用交流电流表，交流电压表、功率表、单相调压器测量元件的交流等效参数的方法。

二、实验原理

1. 三表法

交流电路中，元件的阻抗值或无源端口的等效阻抗值，可以用交流电压表，交流电流表和功率表分别测出元件两端的电压 U，流过的电流 I，及消耗的有功功率 P 之后通过计算得到，这种方法称为三表法，如图 3-3-1 所示。

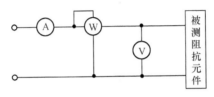

图 3-3-1 三表法测量原理

2. 三电压法

测量交流参数的一种方法是三电压法：先将一已知电阻 R 与被测元件 Z 串联，如图 3-3-2 所示，当通过一已知频率的正弦交流信号时，用电压表分别测出电压 U、U_1、U_2。根据这 3 个电压构成的矢量三角形，从中可求出元件阻抗参数。

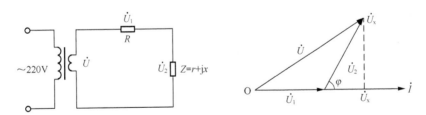

图 3-3-2 三电压法测量阻抗的原理及相量图

$$\cos \varphi = \frac{U^2 - U_1^2 - U_2^2}{2U_1 U_2} \; ; \quad r = \frac{R U_r}{U} \; ; \quad U_r = U_2 \cos \varphi$$

$$L = \frac{R U_x}{\varpi U_1} \; ; \qquad U_x = U_2 \sin \phi \; ; \qquad C = \frac{R U_x}{\varpi R U_1}$$

3. 三电流表法

实验电路如图 3-3-3 所示，以电压为参考正弦量，该电路的相量图如图 3-3-4 所示。

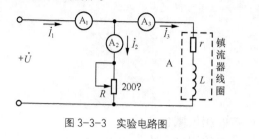

图 3-3-3 实验电路图

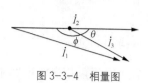

图 3-3-4 相量图

根据余弦定理：

$$I_1^2 = I_2^2 + I_3^2 - 2I_2I_3\cos\varphi$$
$$= I_2^2 + I_3^2 - 2I_2I_3\cos(180°-\theta)$$
$$= I_2^2 + I_3^2 - 2I_2I_3\cos\theta$$

则：

$$\cos\theta = \frac{I_1^2 - I_2^2 - I_3^2}{2I_2I_3} \qquad \theta = \cos^{-1}(\frac{I_1^2 - I_2^2 - I_3^2}{2I_2I_3})$$

求元件 A 的阻抗：

$$Z_A = \frac{\dot{U}}{\dot{I_3}} = r + jX_L \Rightarrow L = \frac{X_L}{\omega}$$

三、实验任务

用实验的方法测量电阻 R、电容 C 的值和 L 的值，自拟实验方案及电路图，记录测试结果，并分析误差产生原因。

四、注意事项

（1）单相调压器在使用前应将电压调节手轮放在零位，接通电源后从零逐渐升压，做完每一个实验后，调压器回到零，然后断电，调压器的输入输出端不能接错，否则会烧毁调压器。

（2）正确使用功率表，功率表的电流线圈和电压线圈不能接错。

五、实验报告要求

根据实验数据计算各被测元件的参数值。

实验四 正弦稳态交流电路相量的研究

一、实验目的

（1）了解日光灯的结构和工作原理。
（2）了解电容与感性负载并联对功率因数的影响，学习提高功率因数的方法。
（3）了解输电线路损耗情况，加深对提高功率因数意义的理解。

二、实验原理

（1）在用户中，一般感性负载很多，如电动机、变压器等，其功率因数较低。当负载的端电压一定时，功率因数越低，输电线路上的电流越大，导线上电能损耗越多，传输效率降低。常用的提高功率因数的方法是将感性负载与电容器并联，电路图如图 3-4-1（a）所示。并联电容器后，对于原负载来说，所加电压和负载参数（U、I）均未改变，但并联合适的电容器后，线路总电流 I 减少，功率因数 $\cos\varphi$ 得到了提高，相量图如图 3-4-1（b）所示。

（2）设未并联电容器前 $\cos\varphi = \dfrac{P}{UI_1}$，并联电容器后 $\cos\varphi' = \dfrac{P}{UI}$，由 $\cos\varphi$ 提高到 $\cos\varphi'$ 所需的电容值为：$C = \dfrac{P}{\omega U^2}(\tan\varphi - \tan\varphi')$。

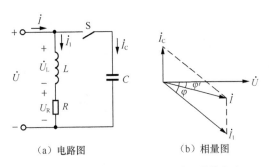

（a）电路图　　　　　　　　（b）相量图

图 3-4-1　提高感性负载电路功率因数的方法

（3）负载的功率因数可以用三表法测量 U、I、P，再按公式计算得到，也可以直接用功率因数表或相位表测出。

（4）日光灯点亮后，若近似看作线性器件，测得灯管电压为 U_R，灯管电流为 I_1，镇流器电压为 U_L，日光灯消耗的有功功率为 P，则有灯管电路模型参数

$$R = \frac{U_R}{I_1}$$

镇流器电路模型参数　　　$r = \dfrac{P}{I^2} - R$　　　　$X_L = \sqrt{(\dfrac{U_L}{I_1})^2 - r^2}$

三、实验设备

本实验所需实验设备如表 3-4-1 所示。

表 3-4-1　　　　　　　　　　　　　　实验设备列表

序　号	名　　称	型号与规格	数　　量	备　　注
1	电工实验装置	DGJ-2	1	
5	镇流器、启辉器	与 40W 灯管配用	各 1	DGJ-04
6	日光灯灯管	40W	1	屏内
7	电容器	1μF，2.2μF，4.7μF/500V	各 1	DGJ-05

四、实验内容

（1）日光灯线路接线与测量。

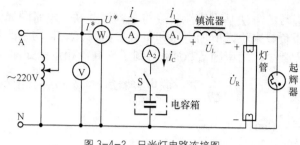

图 3-4-2 日光灯电路连接图

（2）按图 3-4-2 接线。经指导教师检查后接通实验台电源，调节自耦调压器的输出，使其输出电压缓慢增大，直到日光灯刚启辉点亮为止，记下三表的指示值。然后将电压调至 220V，测量功率 P，电流 I，电压 U、U_L、U_R 等值，验证电压、电流相量关系，记录于表 3-4-2 中。

表 3-4-2 P、$\cos\varphi$、I、U、U_L、U_R **测量值记录表一**

	测量数值						计算值	
	P(W)	$\cos\varphi$	I(A)	U(V)	U_L(V)	U_R(V)	r(Ω)	$\cos\varphi$
启辉值								
正常工作值								

（3）并联电路——电路功率因数的改善。按图 3-4-3 所示组成实验线路。

经指导老师检查后，接通实验台电源，将自耦调压器的输出调至 220V，记录功率表、电压表读数。通过一只电流表和 3 个电流插座分别测得 3 条支路的电流，改变电容值，进行 3 次重复测量。数据记入表 3-4-3 中。

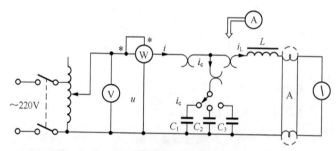

图 3-4-3 功率因数提高的连接图

表 3-4-3 P、$\cos\varphi$、I、U、U_L、U_R **测量值记录表二**

电容值	测量数值						计算值	
(μF)	P(W)	$\cos\varphi$	U(V)	I（A）	I_L(A)	I_C(A)	I(A)	$\cos\varphi$
0								
1								
2.2								
4.7								

五、实验注意事项

（1）本实验用交流市电 220V，务必注意用电和人身安全。

（2）功率表要正确接入电路。

（3）线路接线正确，日光灯不能启辉时，应检查启辉器及其接触是否良好。

六、实验报告

（1）完成数据表格中的计算，进行必要的误差分析。

（2）根据实验数据，分别绘出电压、电流相量图，验证相量形式的基尔霍夫定律。

（3）讨论改善电路功率因数的意义和方法。

（4）装接日光灯线路的心得体会及其他。

实验五 三相异步电动机继电接触控制线路

一、实验目的

（1）看懂三相异步电动机铭牌数据和定子三相绕组六根引出线在接线盒中的排列方式。

（2）根据电动机铭牌要求和电源电压，能正确连接定子绕组（Y 形或△形）。

（3）了解按钮、交流接触器和热继电器等几种常用控制电器的结构，并熟悉它们的接用方法。

（4）通过实验操作加深对三相异步电动机直接起动和正反转控制线路工作原理及各环节作用的理解和掌握，明确自锁和互锁的的作用。

（5）学会检查线路故障的方法，培养分析和排除故障的能力。

二、实验仪器与设备

电动机控制综合实验台　　　　　一台

导线若干　　　　　　　　　　　万用表一只

三、预习要求

（1）复习三相异步电动机直接启动和正反转控制线路的工作原理，并理解自锁、互锁及点动的概念，以及短路保护、过载保护和零压保护的概念。

（2）复习交流接触器的工作原理。

四、实验内容与步骤

认识实验装置上复式按钮、交流接触器和热继电器等电器的结构、图形符号、接线方法；认真查看异步电动机铭牌上的数据，按铭牌要求将三相定子绕组接成△接。三相调压器输出端 U、V、W 调为线电压 220V。

1. 点动控制

开启电源控制屏总开关，按启动按钮，调节调压器输出线电压 220V 后，按停止按钮，断开三相电源。按图 3-5-1 点动控制线路接线，先接主电路，即从三相调压输出端 U、V、W

开始，经接触器 KM 的主触点，热继电器 FR 的热元件到异步电机 M 的三个定子绕组端，用导线按顺序串联起来。主电路检查无误后，再连接控制回路，即从三相调压输出端的某相（如 V）开始，经过热继电器 FR 的常闭触点、接触器 KM 的线圈、常开按钮 SB_1 到三相调压输出的另一相（如 W）。接好线路，经指导教师检查后，方可进行通电操作。

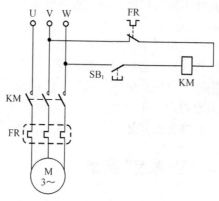

图 3-5-1　三相鼠笼式异步电动机的点动控制

（1）按电源控制屏启动按钮，接通 220V 三相交流电源。

（2）按下按钮 SB_1，对异步电机 M 进行点动操作，比较按下 SB_1 与松开 SB_1 时，电机和接触器的运行情况。

（3）实验完毕，按电源控制屏停止按钮，切断电源。

2．自锁控制

图 3-5-2 所示为自锁控制线路，它与图 3-5-1 的不同点在于控制电路中多串联了一个常闭按钮 SB_2，同时在 SB_1 上并联一个接触器 KM 的常开触点，它起自锁作用。

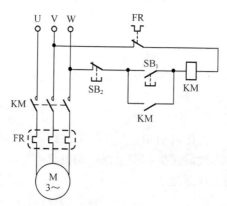

图 3-5-2　三相鼠笼式异步电动机的自锁控制

按图 3-5-2 接线，经指导教师检查后，方可进行通电操作。

（1）按电源控制屏启动按钮，接通 220V 三相交流电源。

（2）按起动按钮 SB_1，松手后观察电机 M 是否继续运转。

（3）按停止按钮 SB_2，松手后观察电机 M 是否停止运转。

3．正反转控制

图 3-5-3 所示为正反转控制线路，按图接线，经指导教师检查后，方可通电进行如下操作。

（1）按电源控制屏启动按钮，接通 220V 三相交流电源。

（2）按正向起动按钮 SB₁，观察并记录电机的转向和接触器的运行情况。

（3）按停止按钮 SB₃，电机停止运行后，按反向起动按钮 SB₂，观察并记录电机和接触器的运行情况。

（4）实验完毕，按电源控制屏停止按钮，切断三相交流电源，拆除导线。

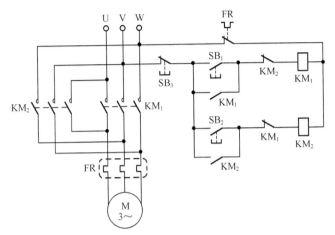

图 3-5-3　三相鼠笼式异步电动机的正反转控制

五、实验报告

回答以下思考题。

（1）以星形连接的负载为例，主回路中如果只串联两个发热元件时，是否也能起到保护？

（2）热继电器是否也能起到短路保护？

实验六　三相异步电动机的顺序控制

一、实验目的

（1）研究电动机顺序控制环节的电路原理，设计电动机顺序控制的线路。

（2）练习顺序控制线路的接线，操作并观察对两台电动机进行顺序控制的工作过程。

二、预习要求

（1）查资料，设计一个对两台电动机进行顺序控制的线路。要求电动机 M_1、M_2 均为直接起动，且 M_1 起动后 M_2 才能起动，M_2 停车后 M_1 才能停车。

（2）查资料，设计一个只用一套起停按钮控制两台电动机顺序控制的线路。要求电动机 M_1、M_2 均为直接起动，且 M_1 起动后 M_2 随之起动，M_2 停车后 M_1 随之停车。

（3）画出有关的设计线路图，选用相应的实验仪器和设备，并设计实验内容和步骤。

三、实验内容

（1）根据设计线路选择实验仪器和设备。

（2）按照设计线路接线，并检查线路。

（3）确定电路接线无误后，接通电源开关，开始操作，检察是否达到设计要求。若电动机出现非正常工作状态，查找原因，修改电路。

四、注意事项

（1）无设计线路图，未达到预习要求者不能进行实验。

（2）完成电路连接，检查无误后，方可通电。

（3）在连接、检查、改线、拆线的过程中一定要断电。

五、报告要求

（1）按预习要求完成电路图、设备选型、实验内容及步骤等。

（2）实验中发生过什么故障？简述排除故障的过程。

（3）写出本次实验的心得体会。

实验七 R、L、C 串联谐振电路的测量

一、实验目的

（1）学习用多种实验方法测试 R、L、C 串联谐振电路的幅频特性曲线。

（2）认真研究电路发生谐振的条件、特点，掌握电路品质因数的物理意义及其测定方法。

二、实验要求

（1）根据测量数据，绘出不同 Q 值时三条幅频特性曲线，即：$U_o=f(f)$，$U_L=f(f)$，$U_C=f(f)$

（2）计算出通频带与 Q 值，说明不同 R 值时对电路通频带与品质因数的影响。

（3）对两种不同的测 Q 值的方法进行比较，分析误差原因。

（4）谐振时，比较输出电压 U_o 与输入电压 U_i 是否相等？试分析原因。

三、实验设备

本实验所需实验设备如表 3-7-1 所示。

表 3-7-1 实验设备列表

序　　号	名　　称	型号与规格	数　　量
1	低频函数信号发生器	SFG-1013	1
2	交流毫伏表	TC1911	1
3	双踪示波器	GOS-620	1
4	频率计	ZWF-3B	1
5	谐振电路实验电路板	$R=200\Omega$，$1k\Omega$ $C=0.01\mu F$，$0.1\mu F$， $L\approx30mH$	

四、实验内容

（1）按图 3-7-1 所示连成监视、测量电路。先选用 C_1、R_1。用交流毫伏表测电压，用示波器监视信号源输出。令信号源输出电压 $U_i=4V_{P-P}$，并保持不变。

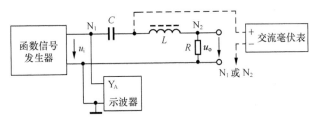

图 3-7-1　R、L、C 串联电路连接图

（2）找出电路的谐振频率 f_0，可用通过振幅、相位、电压来确定，自行设计测量方法。

（3）在谐振点两侧，依次各取 8 个你认为合适的频率点，逐点测出 U_o、U_L、U_C 之值，记录数据于表 3-7-2 中，并绘制出幅频特性曲线。

表 3-7-2　　　　　　　　　U_O、U_L、U_C 测量值记录表一

f(kHz)									
U_O(V)									
U_L(V)									
U_C(V)									

$U_i=4V_{P-P}$,　　$C=0.01\mu F$,　　$R=200\Omega$,　　$f_o=$＿＿＿＿,　　$f_2-f_1=$＿＿＿＿,　　$Q=$＿＿＿＿

（4）将电阻改为 R_2，重复步骤 2，3 的测量过程，并记录数据于表 3-7-3 中。

表 3-7-3　　　　　　　　　U_o、U_L、U_C 测量值记录表二

f(kHz)									
U_o(V)									
U_L(V)									
U_C(V)									

$U_i=4V_{P-P}$,　　$C=0.01\mu F$,　　$R=1k\Omega$,　　$f_o=$＿＿＿＿,　　$f_2-f_1=$＿＿＿＿,　　$Q=$＿＿＿＿

五、实验过程设计

（1）自选元器件，搭建 RLC 串联电路，通过理论值的计算确定谐振点。

（2）自拟两种以上的实验方法找出谐振点，并通过与理论值的比较指出误差产生的原因。

（3）在谐振点两侧，依次各取 8 个自认为合适的频率点，逐点测出 U_o、U_L、U_C 之值，记入数据表格，并绘制出幅频特性曲线。

六、实验报告要求

（1）根据测量数据，绘出不同 Q 值时 3 条幅频特性曲线，即：$U_o=f(f)$，$U_L=f(f)$，$U_C=f(f)$

（2）计算出通频带与 Q 值，说明不同 R 值时对电路通频带与品质因数的影响。

（3）对两种不同的测 Q 值的方法进行比较，分析误差原因。

（4）谐振时，比较输出电压 U_o 与输入电压 U_i 是否相等？试分析原因。

实验八　直流稳压电源

一、实验目的

1. 研究单相桥式整流、电容滤波电路的特性。
2. 掌握串联型晶体管稳压电源主要技术的测试方法。
3. 学习使用 Multisim 电子设计软件进行电路设计和仿真。

二、实验要求

1. 设计分立元件构成的直流稳压电源。
2. 设计电路，计算电路参数，并进行仿真。
3. 根据实验指导书的实验方法、步骤填写相应数据表格。
4. 根据实验结果进行实验分析和总结。

三、实验原理

电子设备一般都需要直流电源供电。这些直流电除了少数直接利用干电池和直流发动机外，大多数是采用交流电（市电）转变为直流电的直流稳压电源。

直流稳压电源由电源变压器、整流、滤波和稳压电路四部分组成，其原理框图如图 3-8-1 所示。电网供给的交流电压 U_1（220V，50Hz）经电源变压器降压后，得到符合电路需要的交流电压 U_2，然后由整流电路变换成方向不变、大小随时间变化的脉动电压 U_i，再用滤波器滤去其交流分量，就可得到比较平直的电流电压 U_I，但是这样的直流输出电压，还会随交流电网电压的波动或负载的变化而变动。在对直流供电要求较高的场合，还需要使用稳压电路，以保证输出直流电压更加稳定。

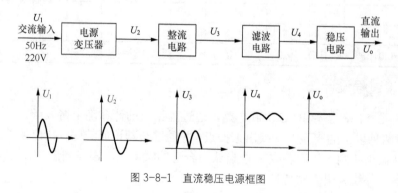

图 3-8-1　直流稳压电源框图

四、实验设备和器件

（1）可调工频电源　　　　　（2）双踪示波器

（3）交流毫伏表　　　　　　（4）直流电压表

（5）直流毫伏表　　　　　　　　　　（6）滑线变阻器 200Ω/1A

（7）晶体三极管 3DG6×2 (9011×2)，3DG12×2(9013×2)，晶体二极管 IN4007×4，稳压二极管 2CW53，电阻器、电容若干

五、实验结果

1. 整流滤波电路测试，设计模式整流滤波电路，把测试结果记录于表 3-8-1 中。

表 3-8-1　　　　　　　　　　　　　　　整流滤波电路测量值记录表

电路形式		输入条件	输出波形
R_L=240Ω			
R_L=240Ω C=470μF		AC220V50Hz	
R_L=120Ω C=470μF			

结论：＿＿＿＿＿＿＿＿＿＿＿＿＿＿＿＿＿＿＿＿＿＿＿＿＿＿＿＿＿＿＿＿＿＿＿＿

2. 串联型稳压电源性能测试

（1）当 U_2=14V　U_o=9V　I_o=100mA，测量各级静态工作点测试 U_B、U_c、U_E；并把测试结果记录于表 3-8-2 中。

表 3-8-2　　　　　　　　　　　　U_B、U_c、U_E 测量值记录表

	T_1	T_2	T_3
U_B(V)			
U_c(V)			
U_E(V)			

说明：U_2 为整流输出电压，U_o 为最终的直流输出电压，I_o 为负载电流。

（2）测量稳压系数，把测试结果记录于表 3-8-3 中。

I_o=100mA（I_o 为负载电流、U_3 为整流滤波输出电压，U_o 为最终的直流输出电压）

表 3-8-3　　　　　　　　　　　　U_1、U_3、U_o 测量值记录表

测试值			计算值
U_1(V)	U_3(V)	U_o(V)	$S=U_3/U_o$
10			
14		9	
17			

六、实验总结

（1）对自己设计的稳压电源评价（自我评价）。

（2）存在的问题和改进的措施。

实验九 组合逻辑电路设计

一、实验目的

（1）熟悉与非门和异或门的逻辑功能。

（2）学习简单的组合逻辑电路的分析与设计方法，并连接电路验证结果。

二、仪器设备

（1）THD-4 数字电路实验箱　　　　　　　　　　 1 台

（2）MF-30 型万用表或数字万用表　　　　　　　 1 台

三、实验原理简述

在任何时刻，输出状态只取决于同一时刻各输入状态的组合，而与之前状态无关的逻辑电路称为组合逻辑电路。其设计过程：根据设计任务列出真值表→根据真值表写表达式→化最简表达式→画出逻辑电路图→连接电路验证结果。

四、实验内容和步骤

1. 分析、测试半加器的逻辑功能

电路采用 2 片 CD4011 连接如图 3-9-1 所示。输入信号 A、B 用逻辑电平开关（实验箱右下方）。输出信号 Z_1、Z_2、Z_3、S、C 连接 LED 显示（实验箱右上方，"红"为 1，"绿"为 0）。记录于表 3-9-1 中，将测试结果填入真值表和卡诺图中，求出逻辑表达式。

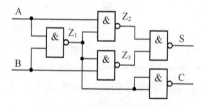

图 3-9-1　半加器连接图

表 3-9-1　　　　　　　　　　　Z_1、Z_2、Z_3、S、C 测量值记录表

A	B	Z_1	Z_2	Z_3	S	C
0	0					
0	1					
1	0					
1	1					

2. 分析、测试全加器的逻辑功能

电路采用一片 CD4011 和一片 CD4030 连接。输入信号 A、B、C_{i-1} 用逻辑电平开关（实验箱右下方）输出信号 X_1、X_2、S、S_i、C_i 连接 LED 显示（实验箱右上方，"红"为 1，"绿"为 0）将测试结果记录于表 3-9-2 中，求出逻辑表达式。

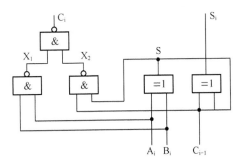

图 3-9-2 全加法器连接图

表 3-9-2 　　　　　　　 X_1、X_2、S、S_i、C_i 测量值记录表

A_i	B_i	C_{i-1}	S	X_1	X_2	S_i	C_i
0	0	0					
0	1	0					
1	0	0					
1	1	0					
0	0	1					
0	1	1					
1	0	1					
1	1	1					

3. 用与非门实现输出等于输入的平方关系

要求：根据框图 3-9-3，列出真值表、写出逻辑表达式、画出逻辑电路，并在实验箱上搭接逻辑电路，验证设计结果。图中 A_1、A_2 是输入，$Q_3 Q_2 Q_1 Q_0$ 是输出。

图 3-9-3 非门实现输出等于输入的平方关系连接图

五、实验报告要求

（1）根据实验结果总结与非门的用法和特点。

（2）整理实验数据和图形。

实验十　晶体管放大电路的设计

一、实验目的

通过设计，掌握共射极晶体管放大器元件参数的计算和选择；静态工作点的设置与调整方法；放大器基本性能指标的测试方法。

二、预习要求

根据实验任务要求选择合适电路、计算选择元器件。写出设计报告，拟定测试方案和步骤。

三、仪器设备

（1）MF30 型万用表或数字万用表　　　　　　　　1 台
（2）面包板　　　　　　　　　　　　　　　　　　1 块
（3）其他设备自选

四、实验任务

设计一个由分立元件组成的单级阻容耦合分压式共射极单极放大器。

已知条件：U_{CC}= +12V，R_L=3kΩ，U_i= 500mV，R_S=600Ω，f_0 = 1kHz 。

性能指标：A_u>70，R_i>1kΩ，R_O<3kΩ，Δf = 20Hz～200kHz，电路稳定性好。

五、实验要求

（1）查阅相关资料，了解设计思想。
（2）根据已知条件及性能指标的要求，确定合适电路，设置静态工作点，计算元件参数确定取值范围。
（3）在实验板上安装元器件，调整并测量静态工作点，使其满足设计计算值的要求。
（4）测量电路的电压放大倍数、输入输出电阻，检查是否满足设计指标。
（5）实验完成后，写出设计性实验报告。

六、实验报告要求

（1）绘出设计电路、标明元件参数，列出设计步骤及元件取值的计算公式。
（2）列出计算机仿真结果，并对实验数据处理及实验结果分析。

实验十一　集成运放放大电路的设计

一、实验目的

通过设计，学习用运算放大器设计基本运算电路，掌握元件参数的选择方法，加深对输入输出间函数关系的理解。

二、预习要求

根据实验任务要求选择合适电路、计算选择元器件。写出设计报告，拟定测试方案和步骤。

三、仪器设备

（1）MF−30 型万用表或数字万用表	1 台
（2）面包板	1 块
（3）SFG1013 函数信号发生器	1 台
（4）GOS 双通道示波器	1 台
（5）TC1911 型双通道交流毫伏表	1 台

四、实验任务

（1）设计一个反相比例放大器，使之满足 $A_{uf}=-10$（R_f、R_1、R 自选）。

（2）设计一个同相比例放大器，使满足 $A_{uf}=10$。

（3）设计一个电压跟随器，满足 $u_o=u_i$ 的关系。

（4）设计一个加法器电路，能满足 $u_o=-（10u_{i1}+10u_{i2}）$，R_f、R_1、R_2 自选。

五、实验报告要求

（1）写出电路的设计过程。

（2）画出标有元件值的实验电路。

实验十二　集成直流稳压电源的设计

一、实验目的

掌握三端集成稳压器的原理及电路设计方法和调试。

二、预习要求

根据实验任务要求选择集成稳压器及电阻电容元件。写出设计报告，拟定测试方案和步骤。

三、仪器设备

（1）示波器	1 台
（2）电子技术实验箱	1 台
（3）数字万用表	1 台
（4）整流二极管、集成稳压器 78L05、LM317、电阻、电容等元器件。	

四、实验任务

试用 78L05 设计一个直流稳压电源，其负载电阻 R_L 为 370Ω。主要技术指标如下：

（1）输入交流电压　　　　　　　　　　　　　220V，50Hz
（2）输出直流电压　　　　　　　　　　　　　U_o=5V
（3）输出电阻　　　　　　　　　　　　　　　$R_o \leqslant 0.1\Omega$

五、实验要求

按实验要求，确定电路形式，选择电源变压器、整流二极管、滤波电容、电阻等参数。

六、实验报告要求

（1）说明电路的测试原理，写出调试和测试方法。
（2）将测试结果与理论值比较，并对其进行分析。
（3）对实验中发生及发现的问题进行分析。

实验十三　基于 555 定时器的报警电路设计

一、实验目的

掌握 555 定时器的工作原理及其应用。

二、预习要求

根据实验任务要求选择所需元器件。写出设计报告，拟定测试方案和步骤。

三、仪器设备

（1）MF－30 型万用表或数字万用表　　　　　　1 台
（2）面包板　　　　　　　　　　　　　　　　　1 块
（3）SFG1013 函数信号发生器　　　　　　　　　1 台
（4）GOS 双通道示波器　　　　　　　　　　　　1 台
（5）TC1911 型双通道交流毫伏表　　　　　　　 1 台
（6）NE555 定时器，74LS00 等芯片

四、实验任务

设计一个救护车警铃电路。
已知条件：提供两片 555 定时器芯片、8Ω扬声器一个，供电电源+5V。
性能要求：通过调试电路，使扬声器发出救护车警铃声音。

五、实验要求

（1）按实验要求，确定实验电路，选择、计算出电容、电阻参数。
（2）在实验板上安装电路，调试出满意的救护车警铃声，确定最终的电阻值。

六、实验报告要求

（1）画出设计电路、标出元件参数，写出设计步骤及元件取值的计算公式。

（2）总结 555 定时器的应用，在设计的实验电路中，如果把第一个定时器的输出端分别接到第二个定时器的放电端（7 管脚）和复位端（4 管脚）时，观察此时扬声器发出的声音。

实验十四　三相异步电动机断相保护电路的设计

一、实验目的

通过本实验，提高学生对电工基础、电子技术、电机及控制电路的综合设计和应用能力。

二、预习要求

（1）预习与本实验相关的知识。
（2）按照实验原理简述设计思路，设计一个三相异步电动机断相保护电路。
（3）实验前设计好实验所用电路，画出实验用的接线图。

三、仪器设备

（1）交流电动机
（2）交流接触器
（3）继电器（12V，200Ω）
（4）直流稳压电源
（5）万用表
（6）运算放大器（HA17741）
（7）二极管、三极管、电阻、电容等元件

四、实验任务

设计一个设计一个三相异步电动机断相保护电路，要求当中性点 O 的电压超过 20V 时，保护电路动作，切断电机电源。

五、实验内容

把设计的电路图交给教师检查，经教师同意后，按设计电路图连接电路，进行断相运行保护测试，通过实验调整和修改电路参数。

六、实验报告要求

（1）画出实验电路图，简述电路的工作原理。
（2）测试过程中出现的问题及解决办法。

实验十五　红外线遥控开关的设计

一、实验目的

（1）综合应用所学知识，提高电气技能。

（2）掌握红外线的发射和接收原理。
（3）学习遥控开关电路的设计方法。

二、预习要求

根据实验任务要求选择所需元器件。写出设计报告，拟定测试方案和步骤。

三、仪器设备

（1）红外线发射管、接收管
（2）数字万用表
（3）继电器（12V，200Ω）
（4）运放集成电路（HA17741）

四、实验任务

设计一个用红外线发射、接收的开关电路，并调试出结果。

五、实验要求

（1）用红外发射接收原理制作遥控开关，该开关可在 8m 以外控制灯泡的亮与灭。
（2）发射器开关每动作一次，灯泡的状态改变一次。
（3）断电后，重新上电，灯泡处于灭的状态。

六、实验报告要求

（1）画出设计电路、标出集成芯片型号及元器件参数，写出设计步骤。
（2）总结设计过程中出现的问题及解决方法。

实验十六　彩灯控制电路的设计

一、实验目的

（1）学习 D 触发器及通用位移寄存器 74LS194 的功能。
（2）掌握单元电路的设计、安装、调试及故障排除方法。
（3）学习中、小规模集成数字电路的使用。

二、预习要求

根据实验任务要求选择各功能的单元电路，计算电路中元件参数。有仿真基础的同学，可以画出仿真电路图。写出设计报告，拟定测试方案和步骤。

三、仪器设备

（1）MF－30 型万用表或数字万用表　　　　　　　　　1 台
（2）面包板或洞洞板　　　　　　　　　　　　　　　　1 块

四、实验任务

设计一个四路彩灯控制电路。

五、实验要求

（1）设计一个四路彩灯循环系统，要求彩灯显示以下花型：第一个过程要求四个灯依次点亮，间隔为 0.5s；第二个过程，四个灯依次熄灭，且先亮者后灭，间隔为 1s；第三个过程四个灯同时亮一下灭一下，间隔为 1s。上述三个过程为一个循环周期。

（2）按实验要求，查阅相关资料，确定实验电路，选择参数合适的电容、电阻等元器件。

六、实验报告要求

（1）画出设计电路、标出集成芯片型号及元器件参数，写出设计步骤。
（2）总结设计过程中出现的问题及解决方法。

实验十七　家庭照明电路设计

一、设计目的

（1）理解家庭电路的基本原理，巩固和加深在电路课程中所学的理论知识和实践技能。
（2）学会查阅相关手册和资料，了解照明电路的相关知识，培养独立分析与解决问题的能力。
（3）掌握常用电子电路的一般设计方法，学会使用常用电子元器件，正确地绘制电路图。
（4）掌握平面图的正规设计与应用。
（5）认真写好总结报告，培养严谨的作风与科学态度，提高实践能力。

二、设计任务和要求

根据应用电路的功能，确定题目，然后完成以下任务。
（1）分析电路由几个部分组成，并用方框图对它进行整体描述。
（2）对电路（不可以复制或截屏！）的每个部分分别进行单独说明，画出对应的单元电路，分析电路原理、元件参数、所起的作用以及与其他部分电路的关系等。
（3）用简单的电路图绘图软件绘出整体电路图，在电路图中加上自己的学号或姓名等信息。
（4）对整体电路原理进行完整功能描述。
（5）列出标准的元件清单及预算。
（6）写出设计心得体会。

三、设计步骤

（1）查阅相关资料，开始撰写设计说明书。
（2）先给出总体方案并对工作原理进行大致的说明。
（3）依次对各部分分别给出单元电路，并进行相应的原理、参数分析计算、功能以及与其他部分电路的关系等说明。

（4）列出标准的元件清单。

（5）总体电路的绘制及总体电路原理相关说明。

四、室内电气设计要求

1. 总的要求

室内布线应在基建施工时布置在墙内，墙上应留有足够的插座，保证居民入住后不需要布置明线且各种家电都可以使用。由于单相用电设备的使用是经常变化的，不可能做到两相平衡，因此一般情况下不要两个单相支路共用一根中性线。照明电路安装的技术具体要求如下。

（1）灯具安装的高度，室外一般不低于 3m，室内一般不低于 2.5m。

（2）照明电路应有短路保护。照明灯具的相线必须经开关控制，螺口灯头中心触点应接相线，螺口部分与零线连接。不准将电线直接焊在灯泡的接点上使用。绝缘损坏的螺口灯头不得使用。

（3）室内照明开关一般安装在门口外边便于操作的位置，拉线开关一般应离地 2～3m，暗装翘板开关一般离地 1.3m，与门框的距离一般为 0.15～0.20m。

（4）明装插座的安装高度一般应离地 1.3～1.5m。暗装插座一般应离地 0.3m，同一场所暗装的插座高度应一致，其高度相差一般应不大于 5mm，多个插座成排安装时，其高度差应不大于 2mm。

（5）照明装置的接线必须牢固，接触良好，接线时，相线和零线要严格区别，将零线接灯头上，相线须经过开关再接到灯头。

（6）应采用保护接地（接零）的灯具金属外壳，要与保护接地（接零）干线连接完好。

（7）灯具安装应牢固，灯具质量超过 3kg 时，必须固定在预埋的吊钩或螺栓上。软线吊灯的重量限于 1kg 以下，超过时应加装吊链。固定灯具需用接线盒及木台等配件。

（8）照明灯具须用安全电压时，应采用双圈变压器或安全隔离变压器，严禁使用自耦（单圈）变压器。安全电压额定值的等级为 42V、36V、24V、12V、6V。

（9）灯架及管内不允许有接头。

（10）导线在引入灯具处应有绝缘保护，以免磨损导线的绝缘，也不应使其承受额外的拉力；导线的分支及连接处应便于检查。

2. 配线

室内配线不仅要使电能的输送可靠，而且要使线路布置合理、整齐、安装牢固，符合技术规范的要求。

3. 穿管

若导线所穿的管为钢管时，钢管应接地。当几个回路的导线穿同一根管时，管内的绝缘导线数不得多于 8 根。穿管敷设的绝缘导线的绝缘电压等级不应小于 500V，穿管导线的总截面积（包括外护套）应不大于管内净面积的 40%。

4. 开关

住宅室内的总开关、支路总开关和所带负荷较大的开关（如电炉、取暖器等）应优先选用具有过流保护功能、维护操作简单且能同时断开火线和中性线的负荷开关，如 HK2 系列闸刀等。表箱内每户出线的火线上安置 1 个单极自动开关，用户住宅门口的接线盒内安装 1 个漏电开关，室内总开关和分支总开关用闸刀。所有灯具的开关必须接火线（相线），否则会影响到用电安全及经济用电。

随着科技的进步，人们的生活水平不断提高，对生活品质的追求也越来越高。自从 1879 年，著名发明家爱迪生发明了世界上第一只实用型白炽灯泡以来，人们对电能的控制在不断追求着安全与便捷，于是，普通家庭的控制开关也随着人们的需求而不断升级，经历了闸刀开关、拉线开关、大拇指按钮开关、大翘板开关，到现在的智能开关的演变过程，常见开关如图 3-17-1 所示。

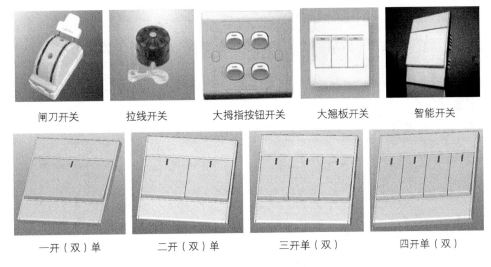

| 闸刀开关 | 拉线开关 | 大拇指按钮开关 | 大翘板开关 | 智能开关 |

| 一开（双）单 | 二开（双）单 | 三开单（双） | 四开单（双） |

图 3-17-1 常见开关图

5. 插座

住宅内的插座应有足够的数量，以确保住户所有家用电器都能够用而不再布线。

（1）插座应有质量监督管理部门认定的防雷检测标志，壳体应使用阻燃的工程塑料，不能使用普通塑料和金属材料。

（2）插头、插座的额定电流应大于被控负荷电流，以免接入过大负载因发热而烧坏或引起短路事故。

（3）插座宜固定安装，切忌吊挂使用。插座吊挂会使电线受摆动，造成压螺丝松动，并使插头与插座接触不良。

（4）电源引线与插头的连接入口处，应用压板压住导线，切忌直接连入插头内接线柱（螺丝）。

（5）电冰箱、洗衣机、电饭锅、饮水机等功率较大和需要接地的家用电器，应使用单独安装的专用插座，不能与其他电器共用一个多联插座。常见插座如图 3-17-2 所示。

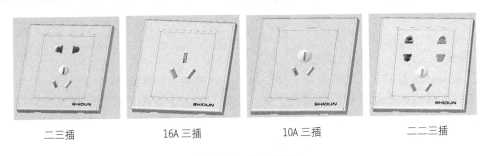

| 二三插 | 16A 三插 | 10A 三插 | 二二三插 |

图 3-17-2 常见插座图

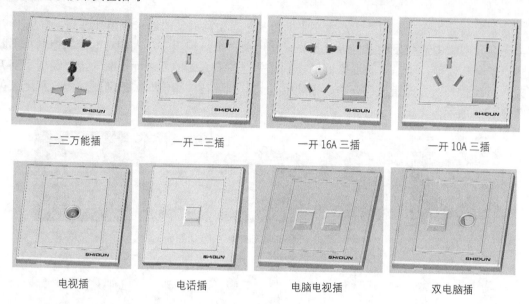

二三万能插　　　　一开二三插　　　　一开 16A 三插　　　　一开 10A 三插

电视插　　　　电话插　　　　电脑电视插　　　　双电脑插

图 3-17-2　常见插座图（续）

五、家庭电气接线布置

电气设施的布置要求，是由住宅的布局，现阶段室内布置的方式，以及拥有的家电数量决定的，当然也有地域、年龄、职业的差异。具体到室内某一部分是由其功能所决定的，下面就室内几大功能区的常见布置。

1. 客厅

客厅布线一般应为 10 支路线：包括电源线、照明线、空调线、电视线、电话线、电脑线、对讲器或门铃线、报警线、家庭影院、背景音乐。客厅效果如图 3-17-3 所示。客厅各线终端预留分布：在电视柜上方预留电源（5 孔面板）、电视、电脑线终端。

图 3-17-3　客厅效果图

2. 卧室

卧室是人休息的地方，是室内最重要的场所。卧室效果图如图 3-17-4 所示。设计时应该注意的是：灯具应设在除去衣柜位置的中央，否则，家具一就位，灯位就显偏了；灯具宜采用组合式吸顶安装（由于室内净高一般在 2.6m 以下）双联开关控制，不同使用功能选用不同照度。卧室布线一般为应 8 支线路；包括电源线、照明线、空调线、电视线、电话线、报警线、背景音乐线、视频共享。

图 3-17-4　卧室效果图

3．餐厅

餐厅布线应为 4 支路线：包括电源线、照明线、空调线、电视线。餐厅效果图如图 3-17-5 所示。电源线尽量预留 2～3 个电源接线口。灯光照明最好选用暖色光源，开关选在门内侧。空调也需按专业人员要求预留接口。另外，在餐厅预留电视接口。

图 3-17-5　餐厅效果图

4．书房的电路设计

书房布线应 8 支线路；包括电源线、照明线、电视线、电线、电脑线、空调线、报警线、背景音乐。书房效果图如图 3-17-6 所示。

图 3-17-6　书房效果图

5．厨房

厨房内的用电设备比较多有：微波炉、电饭煲、冰箱、抽油烟机等。因此，在厨房内应布置足够多的电源插座。厨房效果图如图 3-17-7 所示。

图 3-17-7　厨房效果图

6．卫生间

卫生间的电气设计一般包括：顶灯、镜前壁灯、排气扇，现在按摩浴缸、暖风机、浴霸等较大负荷设备也逐渐进入卫生间。卫生间布线应为 5 支线路：电源线、照明线、电话线、电视线、背景音乐线。卫生间效果图如图 3-17-8 所示。

图 3-17-8　卫生间效果图

7．走廊、门厅的电路设计

走廊、门厅布线应为 2 支路线：包括电源线、照明线或考虑人体感应灯。电源终端接口预留 1～2 个。灯光应根据走廊长度、面积而定、如果较宽可安装顶灯、壁灯；如果狭窄，只能安装顶灯或透光玻璃顶，在户外内侧安装开关。另外，也可以考虑人体感应灯，人来灯亮、人走灯灭，很方便。

8．阳台的电路设计

阳台布线应为 4 支线路：包括电源线、照明线、网络线、背景音乐。阳台效果图如图 3-17-9 所示。

图 3-17-9　阳台效果图

六、照明所需要的设备及其安装

家庭照明电路组成部分主要包括电能表、闸刀、空气开关、导线（包括火线和零线）、熔断器、电灯开关、插座和灯这几部分。

1. 单相电能表（电度表）的安装

电能表的作用是测量电路消耗了多少电能，计量每单位消耗的电能值，也就是度或者千瓦时，电能表常见的有感应式机械电度表和电子式电能表。

单相电能表接线盒里共有 4 个接线桩，从左至右按 1、2、3、4 编号。直接接线方法是按编号 1、3 接进线（1 接相线，3 接零线），2、4 接出线（2 接相线，4 接零线），如图 3-17-10 所示。

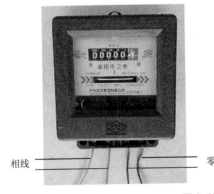
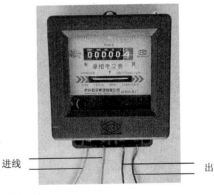

相线　　　　　零线　　　　　进线　　　　　出线

图 3-17-10　单相电能表的接线

注意：在具体接线时，应以电能表接线盒盖内侧的线路图为准。

2. 闸刀

闸刀开关是一种手动配电电器。主要用来隔离电源或手动接通与断开交直流电路，也可用于不频繁的接通与分断额定电流以下的负载，如小型电动机、电炉等。闸刀开关是最经济但技术指标偏低的一种刀开关。闸刀开关也称开启式负荷开关。

使用闸刀开关时应注意要将它垂直的安装在控制屏或开关扳上，不可随意搁置；进线座应在上方，接线时不能把它与出线座接反，否则在更换熔丝时将会发生触电事故；更换熔丝必须先拉开闸刀，并换上与原用熔丝规格相同的新熔丝，同时还要防止新熔丝受到机械损伤；若胶盖和瓷底座损坏或胶盖失落，闸刀开关就不可再使用，以防止安全事故。

3. 漏电开关

电源进线必须接在漏电保护器的正上方，即外壳上标有"电源"或"进线"端；出线均接在下方，即标有"负载"或"出线"端。倘若把进线、出线接反了，将会导致保护器动作后烧毁线圈或影响保护器的接通、分断能力（见图 3-17-11、图 3-17-12）。

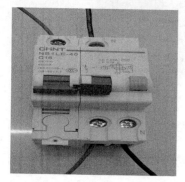

图 3-17-11　漏电保护器的接线

图 3-17-12　配电盘上的漏电保护器

4. 电线

照明电路里的两根电线，一根叫火线，一般为红色或黄色或绿色；另一根则叫零线，一般为蓝色或黄色；此外还有地线，一般为黄绿色或黑色火线和零线的区别在于它们对地的电压不同：火线的对地电压等于 220V；零线的对地的电压等于零（它本身跟大地相连接在一起的）。

5. 熔断器熔断器的安装

低压熔断器（见图 3-17-13、图 3-17-14）广泛用于低压供配电系统和控制系统中，主要用作电路的短路保护，有时也可用于过负载保护。常用的熔断器有瓷插式、螺旋式、无填料封闭式和有填料封闭式。使用时串联在被保护的电路中，当电路发生短路故障，通过熔断器的电流达到或超过某一规定值时，熔断器以其自身产生的热量使熔体熔断，从而自动切断电路，起到保护作用。

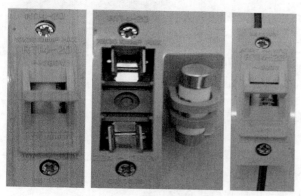

图 3-17-13　低压熔断器及接线

FU

图 3-17-14　低压熔断器的符号

6．照明开关、插座和灯单元

（1）照明开关是控制灯具的电气元件，起控制照明电灯的亮与灭的作用（即接通或断开照明线路）。开关有明装和暗装之分，现家庭一般是暗装开关。开关的接线如图3-17-15所示。

（2）插座横装时，接线原则是左零右相；竖装时，接线原则是上相下零；单相三孔插座的接线原则是左零右相上接地（见图3-17-16），外在接线时也可根据插座后面的标识，L端接相线，N端接零线，E端接地线。

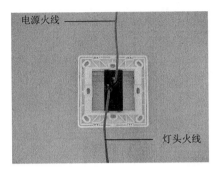

图3-17-15　开关的接线

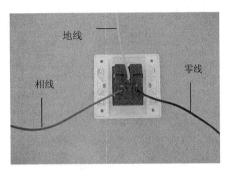

图3-17-16　单相三孔插座的接线

（3）灯座（灯头）的安装

插口灯座上的两个接线端子，可任意连接零线和来自开关的相线；但是螺口灯座上的接线端子，必须把零线连接在连通螺纹圈的接线端子上，把来自开关的相线连接在连通中心铜簧片的接线端子上（见图3-17-17、图3-17-18）。

图3-17-17　灯座的接线

图3-17-18　灯座的固定

（4）日关灯（荧光灯）的安装

日光灯的镇流器有电感镇流器和电子镇流器两种。目前，许多日光灯的镇流器都采用电子镇流器（见图3-17-19），电感镇流器逐渐被淘汰，电子镇流器具有高效节能、启动电压较宽、启动时间短（0.5s）、无噪声、无频闪等优点。

图3-17-19　采用电子镇流器的日光灯

七、电路布线施工图

电路布线施工图如图 3-17-20、图 3-17-21 所示。

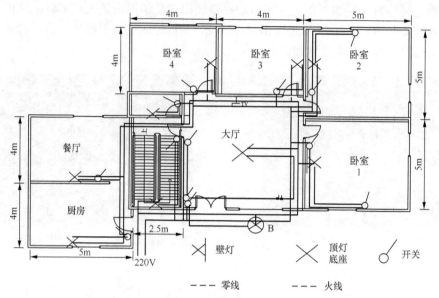

图 3-17-20　照明电路布线图

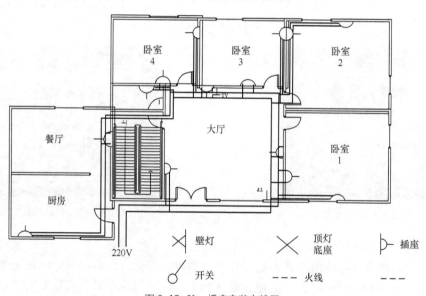

图 3-17-21　插座安装布线图

施工前要充分考虑各功能区域所需的电器及照明设备，并以此为据粗略计算每路电线相应匹配的线材截面积。应尽量采用优质的铜芯护套及安装线盒，以免老化和折断，造成面板安装困难。各种灯具、开关、插座等要定出坐标和高度，已确定线路的走向和分支汇合。电线要选用不同颜色，以便识别不同的回路；最好将电源线外穿阻燃管材后再敷设。在可燃结构的顶棚外应设置电源开关，供必要时切断电源之用。所有导线的接头都应在接线盒内；室内线路每一分路总量应不超过 3000W，每一单线回路的负荷电流应控制在适当的范围。

八、安装用电路元器件以及预算

在选购电路元器件时要注意元器件的技术条件、技术性能、质量等级等是否满足电子设备的要求。优先选用经实践证明质量稳定、可靠性高、有发展前途的标准元器件，不允许选用淘汰品种和禁用的元器件。最大限度地压缩元器件的品种、型号、规格和生产厂家，并进行认定，尽量作到定点供应。未经设计定型的元器件不能在可靠性要求高的电子设备研制产品中正式使用。优先选用有良好的技术服务、供货及时、价格合理的生产厂家的元器件，产品中关键的元器件要对元器件生产方进行质量认定。收集相似设备元器件现场使用的失效率数据，优先选用高可靠元器件，淘汰失效率高的元器件，尽量提高装机元器件的复用率。

1．所选用的电路元器件及灯具（见表 3-17-1）

表 3-17-1　　　　　　　　　　　　器件清单

名称 \ 属性	品　牌	型　号	外　观	数　量	单价（元）	备　注
电能表	正泰	DD862-黑 2.5A	黑色	1	78.00	
漏电开关	施耐德	EA9RN2C5030C	淡黄色	1	165	
插座	欧奔	E8039	雅白	10	20.77	
开关	西门子	5TA0 201-1CC1	雅白	8	8.80	
大厅顶灯	松下	HAC9055E	白色	1	299.00	40W
荧光灯	欧普	MX873-Y21Z	暖白	8	26.80	

进户线用 6 平方的线，每个空调、电热水器都要布 4 平方专线；墙壁电源插座用 2.5 平方线，照明电路干线用 1.5 平方线。插座线与照明线按房间分开，为以后维护方便。为了方便，房间装双控开关。厨房和卫生间将来都是用电大户，要布专线；布线时要做到强弱分开、穿管整齐，还要布地线，这很重要，如表 3-17-2 所示。

表 3-17-2　　　　　　　　　　　　所选电线清单

规　格	品　牌	型　号	外　观	单价（元）	数量（卷）
6 平方	熊猫	BV6 平方	红色	289	1（50m）
6 平方	熊猫	BV6 平方	蓝色	289	1（50m）
2.5 平方	熊猫	BV2.5 平方	红色	239	1（100m）
2.5 平方	熊猫	BV2.5 平方	蓝色	239	1（100m）
1.5 平方	熊猫	BV1.5 1/1.38	红色	146	1（100m）
1.5 平方	熊猫	BV1.5 1/1.38	蓝色	146	1（100m）

2．预算

电能表：1×83.00=83.00（元）

漏电开关：1×139=139.00（元）

开关插座：7×8.8=61.6（元）

插座：13×36=468（元）

开关：8×8.80=70.40（元）

大厅顶灯：1×499.00=499.00（元）

荧光灯：8×18=144（元）

感应灯：4×40=160（元）

电线：2×289.00+2×239.00+2×146.00=1348（元）

合计：83+139+61.6+468+70.4+499+144+160+1348=2973（元）

3．常用电气图例符号（见表 3-17-3）

表 3-17-3　　　　　　　　　　　　　常用电气图例符号

图　例	名　　称	备　注	图　例	名　　称	备　　注
⊗	灯的一般符号			隔离开关	
	断路器			接触器（在非）	
	熔断器一般符号			避雷器	
	动力或动力—照明配电箱			熔断器式隔离开关	
	室内分线盒		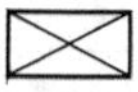 ⊠	事故照明配电箱（屏）	
	室外分线盒			壁龛交接箱	
 ●	球型灯			单极开关（暗装）	
	顶棚灯			双极开关	
⊗	花灯			双极开关（暗装）	
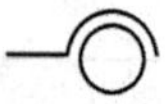	弯灯			三极开关	
	荧光灯			三极开关（暗装）	
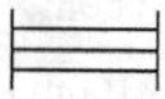	三管荧光灯			单相插座	
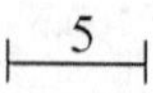 5	五管荧光灯			暗装	
	壁灯			密闭（防水）	
⊗	广照型灯（配照型灯）			防爆	
	开关一般符号			带接地插孔的单相插座	
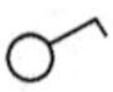	单极开关			密闭（防水）	

续表

图　例	名　　称	备　注	图　例	名　　称	备　注
(V)	指示式电压表			防爆	
(cosφ)	功率因数表			带接地插孔的三相插座	
Wh	有功电能表（瓦时计）			带接地插孔的三相插座（暗装）	
	单极限时开关		(A)	指示式电流表	
	调光器			匹配终端	
	钥匙开关			传声器一般符号	
	电铃			扬声器一般符号	
	天线一般符号			感烟探测器	
	放大器一般符号			感光火灾探测器	
	分配器，两路，一般符号			气体火灾探测器（点式）	
	三路分配器		CT	缆式线型定温探测器	
	四路分配器			感温探测器	
	电线一般符号 三根导线 三根导线 n 根导线			手动火灾报警按钮	
	接地装置 （1）有接地极 （2）无接地极			水流指示器	
F	电话线路		★	火灾报警控制器	
V	视频线路			火灾报警电话机	
B	广播线路		EEL	应急疏散指示标志灯	
	消火栓		EL	应急疏散照明灯	

第四部分 Multisim10 使用简介及电路分析

一、概述

Multisim10 界面直观，操作方便，元器件和仪器的图形与实物外形十分接近，且仪器的操作开关、按键也与实物极为相似。作为 Multisim 仿真软件的最新版本，Multisim10 不仅完善了以前版本的基本功能，而且增加了许多新的功能，例如：

（1）更完备的元器件库；

（2）灵活方便的电路图输入工具；

（3）虚拟仪器和测试功能；

（4）支持 MCU（微控制器）仿真；

（5）具有 PCB 文件的转换功能。

Multisim10 有很多自身独特的特色，它有所见即所得的设计环境；互动式的仿真界面；动态显示元件；具有 3D 效果的仿真电路；虚拟仪表；分析功能与图形显示窗口等。

二、Multisim10 界面

1. 整体界面介绍（见图 4-1）

Multisim 窗口界面主要包括以下几个部分。

菜单栏： Eile Edit View Place Simulate Transfer Tools Options Window Help

从左到右依次是：文件、编辑、视图、放置、仿真、传输、工具、选项、窗口、帮助。

系统工具栏：

包括新建、打开、保存、剪切、复制等。

设计工具栏：

包括器件、编辑器、仪表、仿真等。

元器件库工具栏：

包括电源、基本元件、二极管、晶体管、模拟元件、元器件、总线等。

仪表工具栏：

从左到右分别是：数字万用表、函数发生器、示波器、波特图仪、字信号发生器、逻辑分析仪、瓦特表、逻辑转换仪、失真分析仪、网络分析仪、频谱分析仪。

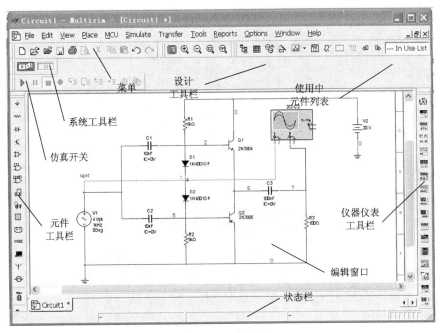

图 4-1 整体界面

2. 菜单栏介绍

File Edit View Place Simulate Transfer Tools Options Window Help

File：管理所创建的电路文件。

Edit：基本编辑操作命令。

View：调整视图窗口。

Place：在编辑窗口中放置节点、元器件、总线、输入/输出端、文本、子电路等对象。

Simulate：提供仿真的各种设备和方法。

Transfer：将所搭电路及分析结果传输给其他应用程序。

Tools：用于创建、编辑、复制、删除元件。

Options：对程序的运行和界面进行设置。

Window：与窗口显示方式相关的选项。

3. 设计工具栏

器件按钮默认显示。当选择该按钮时，器件选择器显示。

器件编辑器按钮，用以调整或增加器件。

仪表按钮，用以给电路添加仪表或观察仿真结果。

仿真按钮，用以开始、暂停或结束仿真。

分析按钮，用以选择要进行的分析。

后分析器按钮，用以进行对仿真结果的进一步操作。

VHDL/Verilog 按钮，用以使用 VHDL 模型进行设计。

报告按钮，用以打印有关电路的报告。

传输按钮，用以与其他程序通信。

4. 元件工具栏

5. 仪器仪表工具栏

从左到右分别是：数字万用表、函数发生器、示波器、波特图仪、数字信号发生器、逻辑分析仪、瓦特表、逻辑转换仪、失真分析仪、网络分析仪、频谱分析仪。

注：电压表和电流表在指示器件库，而不是仪器库中选择。

（1）万用表的使用

如图 4-2 所示，在万用表控制面板上可以选择电压值、电流值、电阻以及分贝值。参数设置窗口，可以设置万用表的一些参数。

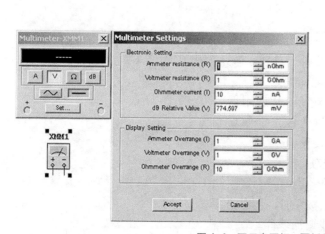

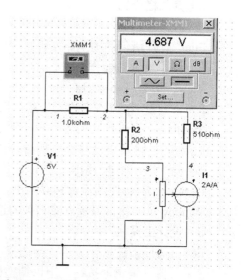

图 4-2　万用表图标、面板和参数设置

（2）函数信号发生器。

如图 4-3 所示，在函数信号发生器中可以选择正弦波、三角波和矩形波三种波形，频率可在 1～999 范围内调整。信号的幅值、占空比、偏移量也可以根据需要进行调节。偏移量指的是交流信号中直流电平的偏移。

（3）功率表。

该仪表用来测量电路的交直流功率，注意电压端应与测量电路并联，电流端应与测量电路串联，其面板如图 4-4 所示。

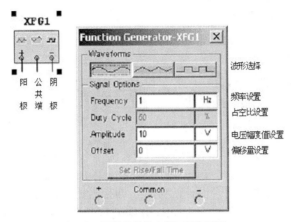

图 4-3　函数信号发生器图标和面板

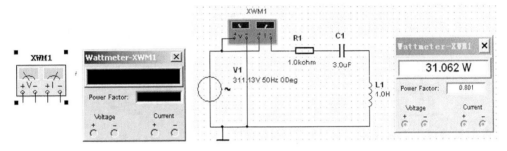

图 4-4　瓦特表图标和面板

（4）双通道示波器。

其操作方法与实际示波器基本相同，在示波器面板上，可以直接单击示波器各功能项进行参数选择，如图 4-5 所示。

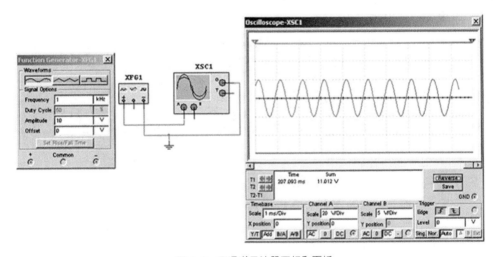

图 4-5　双通道示波器图标和面板

A、B 两通道，G 是接地端，T 为触发端

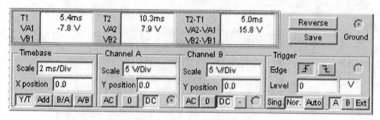

① 测量数据显示区。

在示波器显示区有两个可以任意移动的游标，游标所处的位置和所测量的信号幅度值在该区域中显示。其中：

- "T1"、"T2"分别表示两个游标的位置，即信号出现的时间；
- "VA1"、"VB1"和"VA2"、"VB2"分别表示两个游标所测得的 A 通道和 B 通道信号在测量位置具有的幅值。

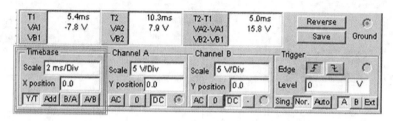

② 时基控制（Timebase）。

- X 轴刻度（Scale）：控制示波屏上的横轴，即 X 轴刻度（时间/每格）
- X 轴偏移（X position）：控制信号在 X 轴的偏移位置
- 显示方式：Y/T ：幅度/时间，横坐标为时间轴，纵坐标为信号幅度

Add：A、B 通道幅值相加

B/A：B 电压（纵坐标）/ A 电压（横坐标）

A/B：A 电压 / B 电压

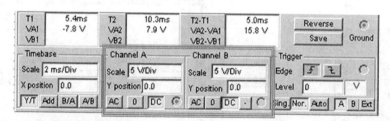

③ A（B）信号通道控制调节。

- Y 轴刻度：设定 Y 轴每一格的电压刻度
- Y 轴偏移：控制示波器 Y 轴方向的原点
- 输入显示方式：

AC 方式：仅显示信号的交流成分；

0 方式：无信号输入；

DC 方式：显示交流和直流信号之和。

④ 触发控制（Trigger）。

- 触发方式 Edge：上升沿触发和下降沿触发；

- 触发电平大小 Level；
- 触发信号选择：

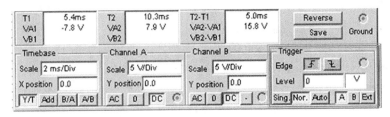

Sing：单脉冲触发；　　　　Nor：一般脉冲触发；

Auto：触发信号不依赖于外信号；

A、B：A 或 B 通道的输入信号作为同步 X 轴的时基信号；

Ext：用示波器图表上 T 端连接的信号作为同步 X 轴的时基信号。

（5）波特图示仪。

利用波特图示仪可以方便地测量和显示电路的频率响应，如图 4-6 所示。要注意的是在电路的输入端要接交流信号。

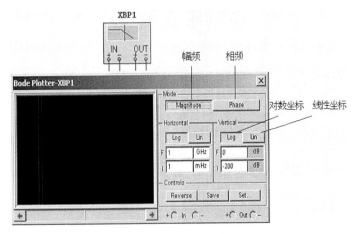

图 4-6　波特图示仪图标和面板

三、仿真分析方法

Multisim10 提供了非常齐全的仿真与分析功能。Multisim10 提供了非常齐全的仿真与分析功能，可以对电路进行直流工作点分析、交流分析、瞬态分析、傅里叶分析、失真分析、噪声分析和直流扫描分析等各种功能的分析。

下面举例介绍模拟电路分析中常用的几种分析方法。

1．静态工作点分析（DC Operating Point）

静态工作点分析是最基本的电路分析，通常是为了找出电子电路的直流偏压，所以在进行操作点分析时，电路中的交流信号将自动设为 0，电路中的电容器视为开路，电感被视为短路，交流电源输出为 0，电路处于稳态。直流工作点的分析结果可用于瞬态分析、交流分析和参数扫描分析等。

2. 交流分析（AC Analysis）

交流分析是分析电路的小信号频率响应，分析的结果是幅频特性和相频特性。在电路中的所有零件将都被考虑，如果有用到数字零件，将被视同是一个接地的大电阻；而交流分析是以正弦波为输入信号，不管我们在电路的输入端输入何种信号，进行分析时都将自动以正弦波替换，而其信号频率也将以设定的范围替换之。当我们要进行交流分析时，可启动 Simulate/Analyses/AC Analysis 命令。

3. 瞬态分析

用于分析电路的时域响应，分析的结果是电路中指定变量与时间函数的关系。在瞬态分析中，系统将直流电源视为常量，交流电源按时间函数输出，电容和电感采用储能模型。

4. 噪声分析

噪声分析用于研究噪声对电路性能的影响。Multisim10 提供了 3 种噪声模型：热噪声、散弹噪声和闪烁噪声。噪声分析的结果是每个指定电路元件对指定输出节点的噪声贡献，用噪声谱密度函数表示。

四、电子电路的仿真步骤

1. 定制界面

根据用户习惯可以定制基本界面，包括以下两个方面。

（1）设定元器件符号标准。

通过设置 Option 菜单中的 Preference 命令中的 Component Bin 项来实现。Component Bin 项中的 Symbol standard 区有两个单选项，其中的 ANSI 选项设置采用美国标准，而 DIN 选项设置采用欧洲标准。由于我国电器符号标准与欧洲标准相近，所以可选择 DIN（根据经验，除了直流电源采用 ANSI 设置外，其他元器件一般可采用 DIN 设置）。

（2）设定显示节点号。

缺省情况下电路中的节点号不显示，可通过设置 Option 菜单中的 Preference 命令中的 Circuit 项来实现，选中该项中 Show 区的 Show node names 即可。

2. 从元器件库中逐个调用电路所需的元器件

用鼠标左键单击相应的元器件库符号以打开元器件库，然后单击相应的元器件，将元器件拖到窗口界面中的相应位置。

3. 电路连线

用鼠标左键分别单击待连线的两个管脚，即可实现元件之间的连线。另外在连线过程中当需要节点时系统将自动形成节点。

此外，连线的颜色也可以指定，只要指向所要改变颜色的连线上，按鼠标右键，即可拉出快捷菜单，其中的 Delete 命令可删除该连线，Color 命令则是设定该连线的颜色。

4. 加入测量仪器

从右边的图符工具栏中将仪器（如示波器）分别拖到画面中的相应位置，并将电路的待测量端分别连接到仪器相应的端口上。

5. 仿真

按窗口右上方的 开关即可开始电路仿真。

6. 仿真结果的保存

静态和动态仿真结果都可以文件方式保存到磁盘中导出。

（1）静态仿真结果保存。

在静态仿真结果对话框中，用鼠标左键单击保存图标，在随后弹出的对话框中选择待保存的文件路径即可。

（2）动态仿真结果保存。

在示波器对话框中，用鼠标左键单击保存按钮，在随后弹出的对话框中选择待保存的文件路径即可。

7．文档操作

包括存盘、读文档、打印等，所有文档操作全部集中在 File 菜单里。

8．屏幕拷贝

仿真电路、仪表显示结果以及仿真结果等也可通过屏幕拷贝来保存成 Word 文件，以便在非 Multisim 环境下打印。具体方法：在被拷贝环境下按键盘上的 Print Screen SysRq 按钮，在 Word 等编辑环境中用拷贝功能拷贝后保存即可。

五、基于 Multisim10 的电路分析

1．电阻电路分析

测量节点电压基本操作如下。

选用"直流工作点分析（DC Operating Point Analysis）"如图 4-7、图 4-8 所示。

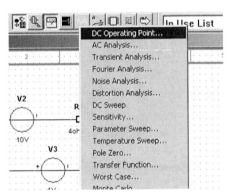

图 4-7　直流工作点分析

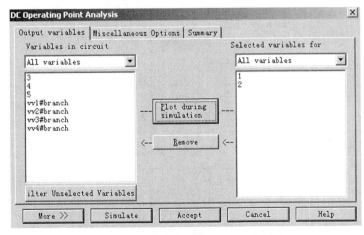

图 4-8　直流工作点分析的属性

① Output variables：主要作用是选择所要分析的节点电压、电源和电感支路电流。

② Miscellaneous Options：用于设置与仿真相关的其他选项。

③ Summary：对分析设置的汇总。

例：求如图 4-9 所示电路的戴维南等效电路。

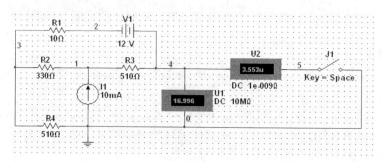

图 4-9　待解电路

a. J1 断开情况下，如图 4-10 所示。读取电压值，即为等效电压源的电压值。

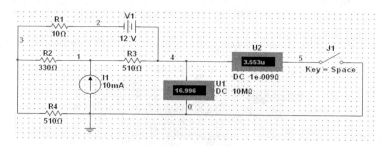

图 4-10　开路电压

b. J1 接通情况下，如图 4-11 所示。读取电流值，即为等效电流源的电流值。

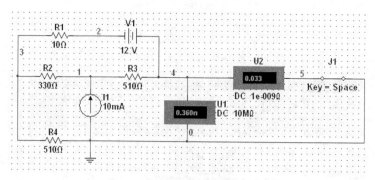

图 4-11　求短路电流

c. 等效电阻为二者之比。

$U_{oc}(V)$	$I_{sc}(A)$	$R_o(\Omega)$
16.989	0.033	514

d. 等效电路，如图 4-12 所示。

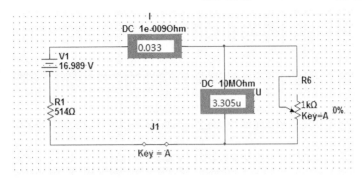

图 4-12 等效电路

2．动态电路分析

瞬态分析（Transient Analysis），如图 4-13 所示。

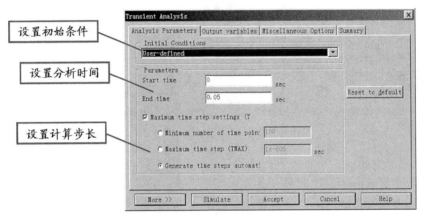

设置初始条件
设置分析时间
设置计算步长

图 4-13 瞬态分析属性

例：从电路板上选 $C=1000\text{pF}$，$R=10\text{k}\Omega$，组成如图 4-14 所示的微分电路。在脉冲信号发生器输出的 $U_m=2\text{V}$、$f=1\text{kHz}$ 的方波电压信号作用下，观测并描绘激励与响应的波形。

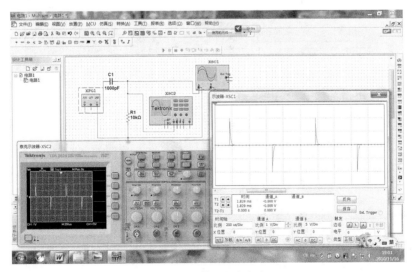

图 4-14 微分电路波形

例：令 $C=0.1\mu\text{F}$，$R=30\text{k}\Omega$，组成如图 4-15 所示的积分电路。在同样的方波激励信号 $U_\text{m}=2\text{V}$，$f=1\text{kHz}$ 作用下，观测并描绘激励与响应的波形。

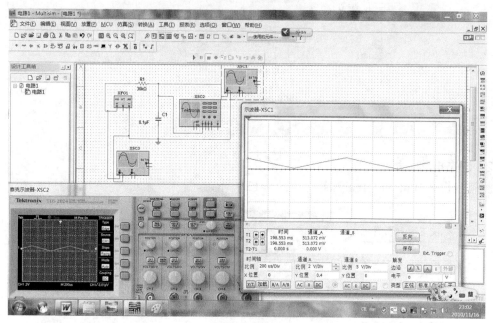

图 4-15　积分电路波形

3．交流电路分析

（1）测定交流电路的参数。

测定交流电路的参数常用的有三表法，如图 4-16 所示，即交流电压表测 U、交流电流表测 I、瓦特表测 P 及功率因数。然后通过所学的基本关系式计算出电路参数。

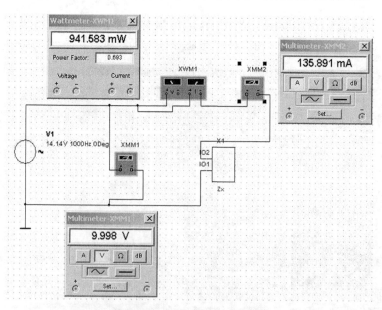

图 4-16　三表法测量元件的参数

例：设计实验测定电路如图 4-17 所示的模块 Zx 的参数，并判断其性质。

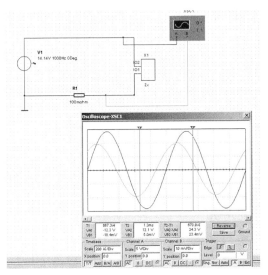

$$|Z| = \frac{U}{I} = \frac{9.998}{0.136891} \approx 73.6\Omega$$

$$\cos\varphi = 0.693$$

$$R = |Z|\cos\varphi = 73.6 \times 0.693 \approx 50.8\Omega$$

$$X = |Z|\sin\varphi \approx 73.6 \times 0.721 = 53.1\Omega$$

$$C = \frac{1}{\omega X} = \frac{1}{2\pi \times 1000 \times 53.1} \approx 3\mu F$$

电压滞后电流，呈容性

图 4-17　电压、电流波形图

（2）测量谐振频率。

① 按图 4-18 接线，取 $R=0.2k\Omega$。调节信号源输出电压为 3V 正弦信号，并在整个实验过程中保持不变。

② 找出电路的谐振频率 f_o。用示波器找谐振点，采用双通道观察波形。将交流毫伏表跨接在电阻 R 两端，改变信号源频率，当电源电压波形同相位，此时频率为谐振点，将信号源调为 3V，然后用毫伏表测量 U_o、U_{lo}、U_{co} 之值。

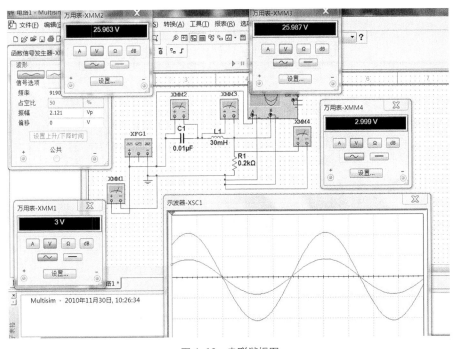

图 4-18　串联谐振图

仿真实验数据如表 4-1 所示。

表 4-1   仿真实验数据

R	f_o	U_o	U_{lo}	U_{co}	I_o	Q
$0.2\text{k}\Omega$	9190	2.999	25.987	25.963	0.01499	8.669
$1\text{k}\Omega$	9190	2.983	5.159	5.177	0.00298	1.715

（3）三相交流电路的仿真

- 三相电源：Component / Sources
- 开关：Component / Electro_Mechanical
- 熔断器：Component / Power
- 电流表、电压表：Component / Indicators
- 三相对称负载 Y 联结：$U_L=1.732U_p$，$I_L=I_p$
- 三相对称负载△联结：$I_L=1.732I_p$，$U_L=U_p$
- 三相星形联结电路仿真

① 按如图 4-19 所示连接电路图。

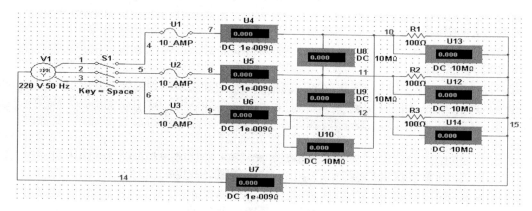

图 4-19 三相对称负载星形连接

② 电流表、电压表模式更改：AC，如图 4-20 所示。

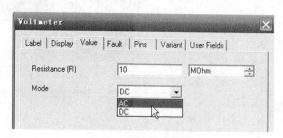

图 4-20 电压表设置图

③ 开关设置，如图 4-21 所示。

④ 仿真：各表显示的数值：线电压、相电压、线电流=相电流、中性线电流（约等于零），如图 4-22 所示。

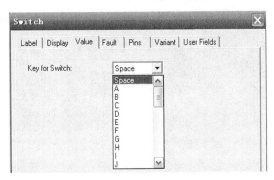

图 4-21　开关设置图

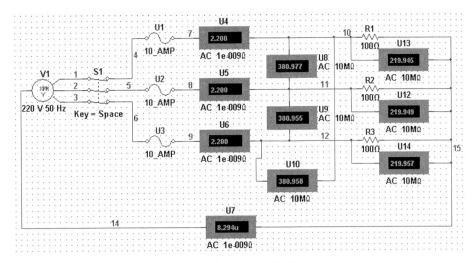

图 4-22　对称负载的仿真图

六、基于 Multisim10 的模拟电子技术分析

（1）共射晶体管放大电路，原理图如图 4-23 所示。

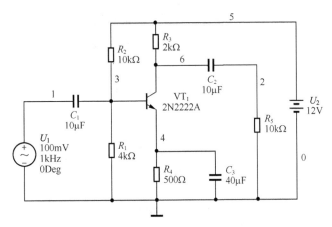

图 4-23　共射晶体管放大电路原理图

① 瞬态分析结果如图 4-24 所示。

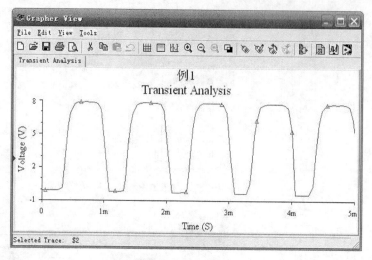

图 4-24　瞬态分析图

② 加入反馈电阻 R_4，如图 4-25 所示。参数扫描结果如图 4-26 所示。

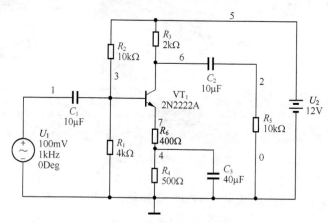

图 4-25　加入反馈电阻 R4

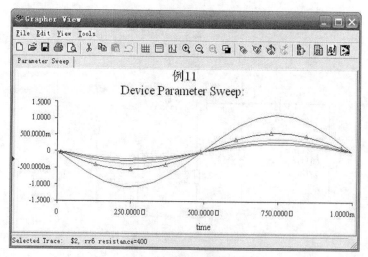

图 4-26　参数扫描的结果

③ 加上电阻 R_4 前后分别进行交流分析，测试节点为 2，其他设置默认，可分别观测幅频和相频特性曲线；对比加电阻 R_4 前后的幅频和相频特性曲线，看出其通频带的变化。

④ 未加 R_4 时的幅频、相频特性曲线如图 4-27 所示。

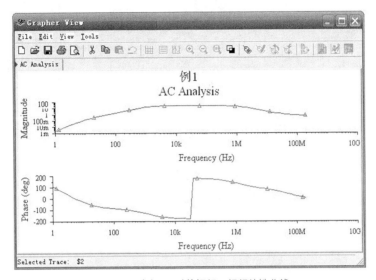

图 4-27　未加 R6 时的幅频、相频特性曲线

⑤ 加上 R_4 后的幅频、相频特性曲线，如图 4-28 所示。

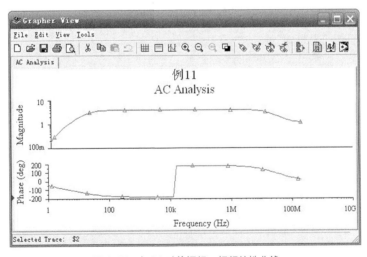

图 4-28　加 R6 时的幅频、相频特性曲线

加上负反馈电阻 R_4 后，不仅消除了波形失真，同时明显展宽了频带。

（2）低频功率放大器，原理图如图 4-29 所示。

① 闭合开关 J1，观察放大器工作于乙类工作状态时的输出和输入电压波形（见图 4-30）。

② 断开开关 J1，观察输出和输入波形（见图 4-31），与上述步骤观察的内容进行比较。

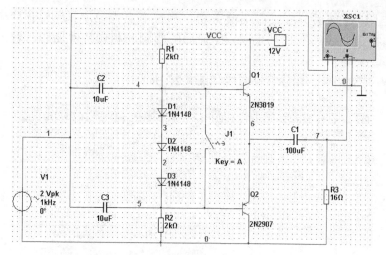

图 4-29　低频功率放大器

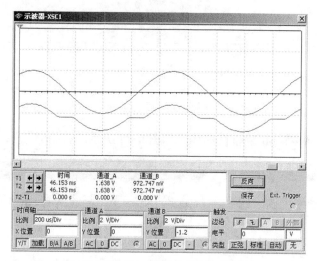

图 4-30　交越失真的波形

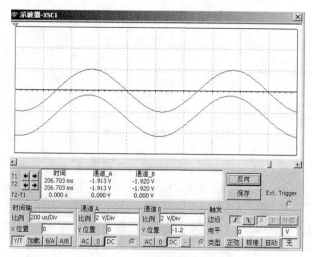

图 4-31　不失真的输出波形

（3）LC 正弦振荡器电路，电路图如图 4-32 所示。

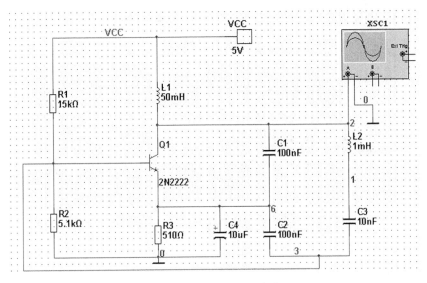

图 4-32　LC 正弦振荡器电路

① 观察起振过程。

使用瞬态分析方法可以观察到振荡器起振时的波形情况如图 4-33 所示。

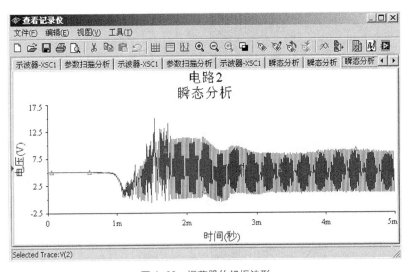

图 4-33　振荡器的起振波形

② C3 对振荡频率的影响。

使用参数扫描观察电容器 C3 的容量分别为 5μF、10μF 和 50μF 时的瞬态输出波形的变化如图 4-34 所示。

（4）光电控制电路，原理图如图 4-35 所示。

图 4-35 中，SONALERT 为固体音调发生器，按 Space 键，是开关闭合，观察效果如图 4-36 所示。若接实际电路，SONALERT 应发出 200Hz 对应的声音。图中用 2.5V 的红色探针来表示。

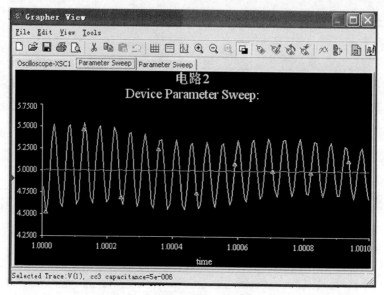

图 4-34　电容器 C3 容量对频率的影响

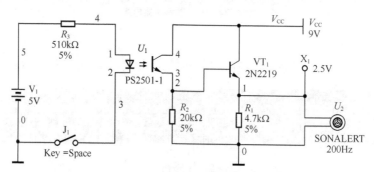

图 4-35　光电控制电路原理图

X1 在指示器库（Indicators）中的探针（PROBE）中选择 PROBE-RED。

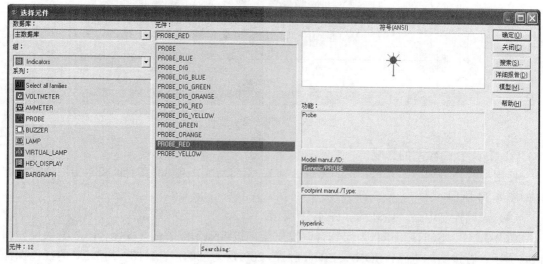

图 4-36　光电控制电路效果图

（5）桥式整流Ⅱ滤波电路，原理图如图 4-37 所示。

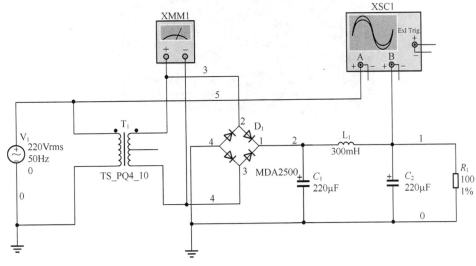

图 4-37 原理图

观察波形。

① 起始波形如图 4-38 所示。

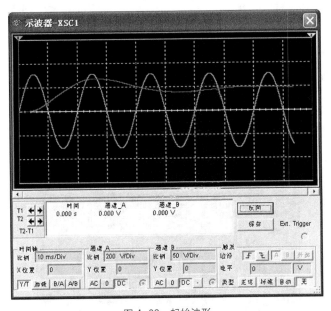

图 4-38 起始波形

② 平稳后波形如图 4-39 所示。

（6）三角波发生器原理图如图 4-40 所示。

观察示波器波形，如图 4-41 所示，分析三角波的产生过程。

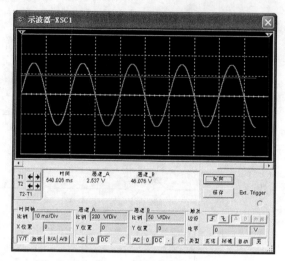

图 4-39　平稳后波形

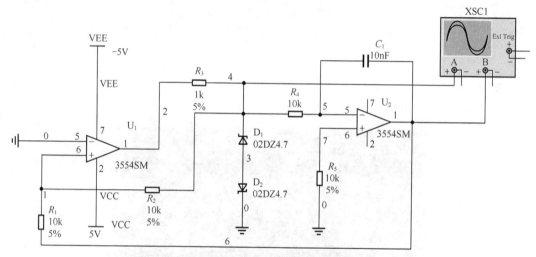

图 4-40　三角波发生器原理图

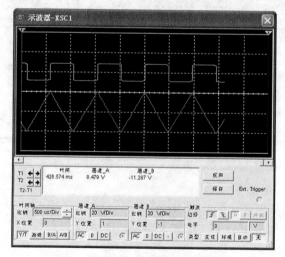

图 4-41　三角波波形图

七、基于 Multisim10 的数字电子技术分析

（1）译码器仿真电路的分析，原理图如图 4-42 所示。

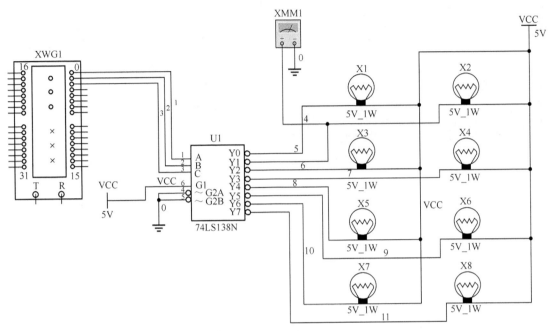

图 4-42　译码器实验原理图

XWG1 为字信号发生器（Word Generation）。设置其值为 0~7。

选择循环时，灯依次点亮，可设断点、可单步执行。74LS138 的真值表如图 4-43 所示。

Inputs					Outputs							
Enable		Select										
G1	G2 (Note 1)	C	B	A	Y0	Y1	Y2	Y3	Y4	Y5	Y6	Y7
X	H	X	X	X	H	H	H	H	H	H	H	H
L	X	X	X	X	H	H	H	H	H	H	H	H
H	L	L	L	L	L	H	H	H	H	H	H	H
H	L	L	L	H	H	L	H	H	H	H	H	H
H	L	L	H	L	H	H	L	H	H	H	H	H
H	L	L	H	H	H	H	H	L	H	H	H	H
H	L	H	L	L	H	H	H	H	L	H	H	H
H	L	H	L	H	H	H	H	H	H	L	H	H
H	L	H	H	L	H	H	H	H	H	H	L	H
H	L	H	H	H	H	H	H	H	H	H	H	L

图 4-43　74LS138 真值表

例：当字发生器-XWG1 运行到 0000000003 时，效果如图 4-44 所示。

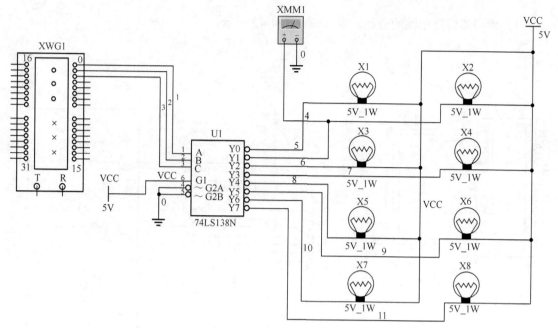

图 4-44   运行到 0000000003 时的效果图

（2）模数 AD 与转换电路的仿真，电路图如图 4-45 所示。

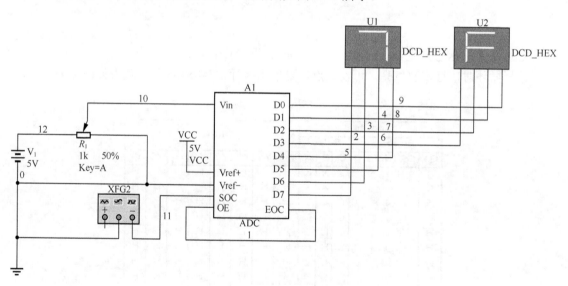

图 4-45   AD 与转换实验仿真电路图

电路中函数信号发生器设置为：频率：100Hz，占空比 50%。改变变阻器的值，观察数码管显示数值的变换。

（3）555 定时电路的单稳态工作方式，单稳态实验原理图如图 4-46 所示。

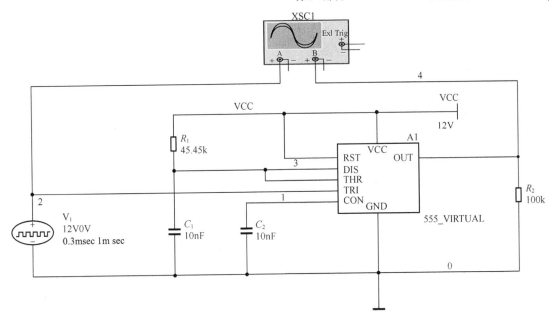

图 4-46 555 定时电路的单稳态实验原理图

学会 Pulse_Voltage 的使用方法，观察示波器的波形，如图 4-47 所示。

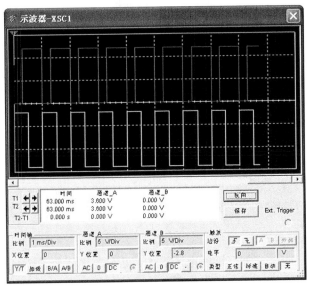

图 4-47 单稳态波形图

一、原理说明

在电工电子实验中，经常使用的仪器设备有示波器、函数信号发生器、直流稳压电源及万用表等。利用这些仪器设备可以完成电子电路中各电量参数及波形的测试，如图 5-1 所示。

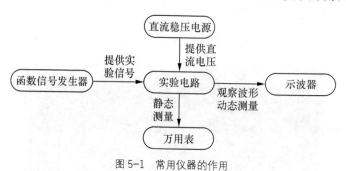

图 5-1　常用仪器的作用

注意：各仪器在进行综合使用时，为防止外界干扰，应将公共接地端连在一起，称为共地。且实验中不要反复开、关仪器电源，待实验结束经教师检查数据正确后，方可关闭电源。

二、常用仪器仪表的认知及使用

1. 信号源（信号发生器）

信号发生器是一种应用非常广泛的电子设备，可作为各种电子元器件、部件及整机测量、调试、检修时的信号源。信号发生器提供正弦波、方波、三角波等多种信号波形，使用起来很灵活。目前，信号发生器的输出频率范围可达到 0.005 Hz～50 MHz，可输出正弦波、方波、三角波、锯齿波等各种信号。一般信号发生器都具有频率计数和显示功能，当该仪器外接计数输入时，还可作为频率计数器使用。有些函数信号发生器还具备调制和扫频功能。

（1）信号发生器的电路构成

信号发生器的电路构成有多种形式，一般有以下几个环节：

① 基本波形发生电路；

② 波形转换电路；

③ 放大电路；

④ 可调衰减器电路。

（2）信号发生器的工作原理

依据不同的电路结构信号发生器的工作原理不尽相同，目前主要有 RC 振荡器、集成电路函数信号发生电路和数字直接合成技术合成三种方式来产生低频信号。数字直接频率合成技术制成的 DDS 信号发生器已逐渐普及，它是通过控制电路从存储器单元中输出数据，再进行数/模转换实现的，其输出频率范围宽，信号频率、波形精度高。但价格相对高一些。

（3）SFG-1013 DDS 函数信号发生器

SFG-1013 DDS 函数信号发生器，如图 5-2 所示。采用了最新的直接数字合成（DDS）技术，产生了稳定的且高分辨率的输出频率。DDS 技术中，波形数据存放在存储器中，时钟控制指向数据地址的计数器。存储器输出的数字信号由带有低通滤波器的数字-模拟转换器（DDS）转换成模拟信号。

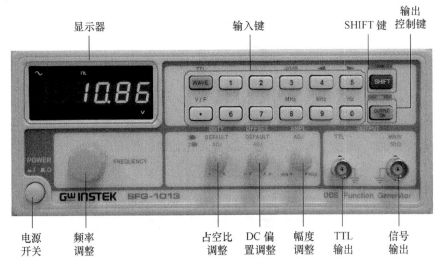

图 5-2 SFG-1013 函数信号发生器

（4）使用方法

① 按下 POWER 按钮，打开电源。

② 按下 OUTPUT 输出键，LED 亮，打开信号输出控制键。

③ 选择波形，重复按下"WAVE"键就会在显示器上显示相应的波形符号，直到显示所需的波形。

④ 设置频率，使用数字键直接输入波形频率。只要直接按相应的数字键+SHIFT+频率单位键就可直接设置所需的频率。

⑤ 调整频率：如果仪器当前设置的频率与所需频率相差不大时，可通过频率调节旋钮调整到所需要的频率。按 SHIFT 键+左（右）光标键，使光标左（右）移至需调整的位，旋转频率旋钮即可调整该位的数值。逆时针旋转频率旋钮减小频率，顺时针旋转频率旋钮增大频率。

⑥ 观察幅度：按下 SHIFT +V/F 键，会显示电压幅度（振幅），重复此操作，则返回至频率显示。

⑦ 调整输出信号幅度：顺时针旋转幅度调节旋钮，增大幅度；逆时针旋转此旋钮，减小

幅度。

⑧ –40dB 衰减：按下 SHIFT 按钮，再按 3（–40dB），输出将会衰减 –40dB，并且显示屏上的–40dB 指示灯将会亮。

⑨ 设置偏置：能够对正弦波，方波，三角波增加或减少偏移量，从而改变波形的电压偏移量（偏置的设定不适用于 TTL 输出）。拉出偏移量旋钮打开偏移量的设置，顺时针旋转此按钮增大偏移量，逆时针旋转此按钮减小偏移量。

⑩ 调节占空比（方波）：拉出占空比旋钮，顺时针旋转增大占空比，逆时针旋转减小占空比，初始值设置为 50%。占空比设定不适用于正弦波与三角波。

2．示波器

在电子技术领域中，电信号波形的观察和测量是一项很重要的内容，而示波器就是完成这个任务的一种很好的测试仪器。示波器可以用来研究信号瞬时幅度随时间的变化关系，也可以用来测量脉冲的幅值、上升时间等过渡特性。借助于各种转换器还可以用来观测各种非电量信号，如温度、压力、流量、生物等的变化过程。实际上，示波器不仅是一种时域测量仪器，也是频域测量仪器的重要组成部分。

（1）示波器的基本组成

通用示波器是实际使用中最为广泛的一种示波器，也是其他示波器的基础。它主要由示波管（CRT）、水平通道（X 通道）、垂直通道（Y 通道）三大部分组成。示波管亦称为阴极射线管（CRT），是示波器的核心部件。它包括三部分：电子枪、偏转系统和荧光屏。这三部分都密封在玻璃壳内，成为一个真空器件。其作用是把电信号变成发光的图形。

（2）GOS-620 双通道的示波器

① 示波器控制部件，如图 5-3 所示。

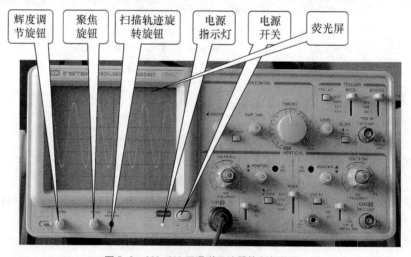

图 5-3 GOS-620 双通道示波器控制部件图

② 垂直通道控制部件，如图 5-4 所示。

③ 水平通道控制部件，如图 5-5 所示。

④ 触发控制部件，如图 5-6 所示。

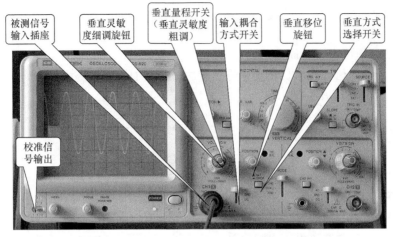

图 5-4 GOS-620 双通道示波器垂直通道控制部件图

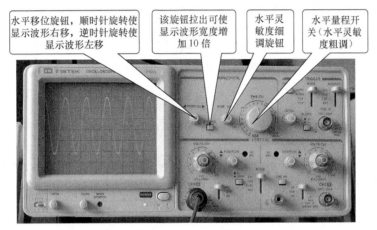

图 5-5 GOS-620 双通道示波器水平通道控制部件图

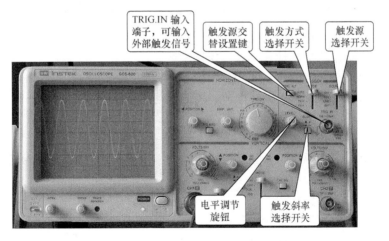

图 5-6 GOS-620 双通道示波器触发控制部件图

（3）观察波形

打开信号发生器电源开关，将其输出接 CH1。调节信号发生器的输出频率和电压，调节示波器 CH1 通道偏转因数、扫描速率、电平等，使示波器显示稳定的波形。观察并画出示波器上的波形。

① 正弦交流电压幅度、周期的测量

从荧光屏上读出信号波形负峰到正峰高度的厘米数 H，则被测电压的峰-峰值为：

$V_{p-p} = H \times$ 垂直量程开关指示值；

其有效值为：

$V = 0.707 \times 0.5 \times V_{p-p}$

从荧光屏上读出信号波形一个周期的水平宽度的厘米数 L，如图 5-7 所示，则被测电压的周期为：

$T = L \times$ 水平量程开关指示值；

② 测两个同频率正弦交流电压之相位差

测两个同频率正弦交流电压之相位差，须选择双踪显示（DAUL）、自动扫描（AUTO），先将输入方式开关置于接地（GND），调节垂直移位旋钮使两条水平扫描线重合于荧光屏的某一条水平刻度线，再将输入方式开关置于 AC 位置，调节有关旋钮使两信号波形稳定显示，如图 5-8 所示。从荧光屏上读出信号波形一个周期的水平宽度的厘米数 L 和两个被测信号波形过零点的水平坐标的差值 D，则两个被测信号的相位差为：

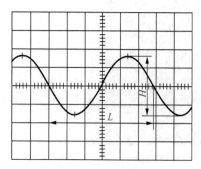

图 5-7 幅度测量

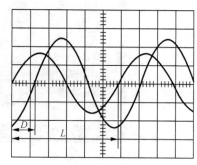

图 5-8 相位差测量

$\varphi = 360D/L$（度）$= 2\pi D/L$（弧度）

3. GPS-2303C 型直流稳压电源使用说明

GPS-2303C 直流稳压电源具有 3 组独立直流电源输出，3 位数字显示器，可同时显示两组电压及电流，具有过载及反向极性保护，可选择连续/动态负载，输出具有 Enable/Disable 控制，具有自动串联及自动并联同步操作，定电压及定电流操作，并具有低涟波及杂讯的特点。

GPS-2303C 型直流稳压电源做独立电压源使用，电源实物图如图 5-9 所示。【 】中数字代表含义如表 5-1 所示。

① 打开电源开关【1】；

② 保持【19】【20】两个按键都未按下；

③ 选择输出通道，如 CH1；

④ 将 CH1 输出电流调节旋钮【7】顺时针旋到底，CH1 输出电压调节旋钮【6】旋至零；

⑤ 调节旋钮【6】，输出电压值由显示 LED【2】读出；

⑥ 关闭电源，红/ 黑色测试线分别插入输出端正/ 负极，连接负载。待电路连接完毕，

检查无误，打开电源，按下输出开关【18】，信号灯【12】亮，电压源对电路供电。

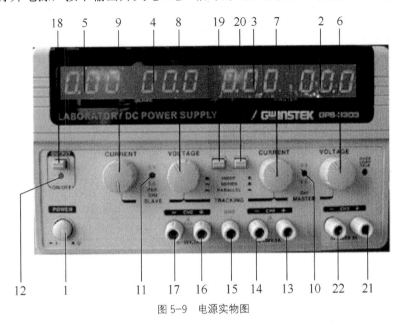

图 5-9　电源实物图

在用作电压源串联或并联时，两路电源分为主路电源（MASTER）和从路电源（SLAVE）。其中 CH1 为主路电源，CH2 从路电源。

SERIES（串联）追踪模式：按下按钮【19】，按钮【20】弹出，此时 CH1 输出端子负端（"-"）自动与 CH2 输出端子的正端（"+"）连接。在该模式下，CH2 的输出最大电压和电流完全由 CH1 电压和电流控制。实际输出电压值为 CH1 表头显示的 2 倍，实际输出的电流可从 CH1 和 CH2 电流表表头读出。注意，在做电流调节时，CH2 电流控制旋钮需顺时针旋转到底。

在串联追踪模式下，如果只需单电源供电，可按图 5-10 接线。如果希望得到一组共地的正负直流电源，可按图 5-11 接线。

PARALLEL（并联）追踪模式：按下按钮【19】、【20】，此时 CH1 输出端和 CH2 输出端自动并联，输出电压和电流由 CH1 主路电源控制。实际输出电压值为 CH1 表头显示值，实际输出的电流为 CH1 电流表表头显示读数的 2 倍。

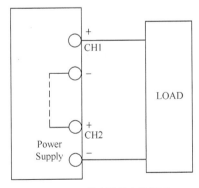

图 5-10　单电源供电接线图

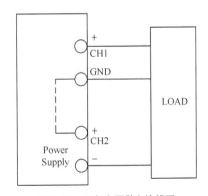

图 5-11　正负电源供电接线图

表 5-1   **数字序号代表含义**

序　号	含　义
1	电源开关
2	CH1 输出电压显示 LED
3	CH1 输出电流显示 LED
4	CH2 输出电压显示 LED
5	CH2 的输出电流显示 LED
6	CH1 输出电压调节旋钮，在双路并联或串联模式时，该旋钮也用于 CH2 最大输出电压的调整
7	CH1 输出电流调节旋钮，在并联模式时，该旋钮也用于 CH2 最大输出电流的调整
8	CH2 输出电压调节旋钮，用于独立模式的 CH2 输出电压的调整
9	CH2 输出电流调节旋钮，用于独立模式的 CH2 输出电流的调整
10、11	C.V./C.C. 指示灯，输出在恒压源状态时，C.V. 灯（绿灯）亮；输出在恒流源状态时，C.C. 灯（红灯）亮
12	输出指示灯，输出开关 18 揿下后，指示灯亮
13	CH1 正极输出端子
14	CH1 负极输出端子
15	GND 端子，大地和底座接地端子
16	CH2 正极输出端子
17	CH2 负极输出端子
18	输出开关，用于打开或关闭输出
19、20	TRACKING　模式组合按键，组合两个按键可将双路构成 INDEP（独立），　SERIES（串联）或 PARALLEL（并联）的输出模式
21	CH3 正极输出端子
22	CH3 负极输出端子

4．DGJ-2 型电工技术实验装置

固定装置着交流电源的起动控制装置，三相电源电压指示切换装置，高压直流电源、低压直流稳压电源、恒流源、受控源、函数信号发生器以及等精度数字频率计和各类测量仪表等。

（1）交流电源的启动

① 实验屏的左后侧有一根三相四芯电源线（并已接好三相四芯插头），接好机壳的接地线，然后将三相四芯插头接通三相 380V 交流市电。

② 将置于左侧面的三相自耦调压器的旋转手柄，按逆时针方向旋至零位。

③ 将三相电压表指示切换开关置于左侧（三相电源输入电压）。

④ 开启钥匙式三相电源总开关，停止按钮灯亮（红色），三只电压表（0～450V）指示出输入的三相电源线电压之值。

⑤ 按下启动按钮（绿色），红色按钮灯灭，绿色按钮灯亮，同时可听到屏内交流接触器的瞬间吸合声，面板按 U_1、V_1 和 W_1 上的黄、绿、红三个 LED 指示灯亮。至此，实验屏启动完毕，此时，实验屏左侧面单相二芯 220V 电源插座和三相四芯 380V 电源插座处以及右侧

面的单相三芯 220V 电源插座处均有相应的交流电压输出。

（2）三相可调交流电源输出电压的调节

① 将三相"电源指示切换"开关置于右侧（三相调压输出），三只电压表指针回到零位。

② 按顺时针方向缓缓旋转三相自耦调压器的旋转手柄，三只电压表将随之偏转，即指示出屏上三相可调电压输出端 U、V、W 两两之间的线电压之值，直至调节到某实验内容所需的电压值。实验完毕，将旋柄调回零位。并将"电压指示切换"开关拨至左侧。

（3）照明实验两用日光灯的使用

本实验屏上的 30W 日光灯管是照明和实验兼用的，通过三刀手动开关进行切换，当开关拨至左侧，日光灯即点亮，作为实验时照明之用；当开关拨至右侧，日光灯熄灭，此时灯管的四个引出端已从屏上的照明电路中分离出来，以作为日光灯实验中的灯管元件使用。

（4）高压直流电源的输出及调节

这一电源是为直流电机实验时，为电枢绕组提供可调的电压，为励磁绕组提供固定的 220V 电压。

① 开启高压直流电源带灯开关，两个绿色指示灯亮，指示两组输出端已有相应的电压输出。

② 将电压指示切换开关拨至左侧，相应的直流电压表（量程为 0～300V）指示一组固定输出端的电压值（负载时为 220V，额定电流为 0.5A）。将此开关拨至右侧，则指示另一组可调输出端的电压值。若顺时针调节"输出电压调节"多圈电位器旋钮，则输出电压增大，反之减小。

输出直流电压调节范围为 50～220V，额定电流为 2A。

（5）低压直流稳压、恒流电源输出与调节

开启直流稳压电源带灯开关，两路输出插孔均有电压输出。

① 将"6V、12V 输出选择"开关拨至左侧，则"6V、12V"输出口输出为固定的 6V 稳压值（额定电流为 0.5A）将此开关拨至右侧，输出为固定的 12V 稳压值（0.5A）。

② 将"电压指示切换"开关拨至左侧，直流指针式电压表（量程为 30V）指示出 6V 或 12V 的电压值（取决于"输出选择"开关的位置）；将此开关拨至右侧，则电压表指示出可调输出端的稳压值。

③ 调节"输出粗调"波段开关和"输出细调"多圈电位器旋钮，可平滑地调节输出电压，调节范围为 0～30V，（分三挡量程切换），额定电流为 0.5A。

④ 两路输出均设有软截止保护功能。

⑤ 恒流源的输出与调节

将负载接至"恒流输出"两端，开启恒流源开关，指针式毫安表即指示输出恒电流之值，调节"输出粗调"波段开关和"输出细调"多圈电位器旋钮，可在三个量程段（满度为 2mA、20mA 和 200mA）连续调节输出的恒流电流值。

本恒流源虽有开路保护功能，但不应长期处于输出开路状态。

（6）多功能数控智能函数信号发生器

① 主要技术指标

a. 输出频率范围：正弦波为 1Hz～150kHz；矩形波为 1Hz～150kHz；三角波和锯齿波为 1Hz～10kHz；四脉方列和八脉方列固定为 1kHz。频率调整步幅：1Hz～1kHz 为 1Hz；1～10kHz 为 10Hz；10～150kHz 为 100Hz。

b. 输出脉宽调节：占空比固定为 1:1；1:3；1:5 和 1:7 四挡；输出脉冲前后沿时间：小于 50ns。

c. 输出幅度调节范围：A 口　15mV～17.0$V_{\text{p-p}}$，B 口　0～4.0$V_{\text{p-p}}$。

d. 输出阻抗：大于 50Ω。

e. 频率测量范围：1Hz～200kHz。

② 使用操作说明

a. 操作键盘如图 5-12 所示，数码显示屏如图 5-13 所示。

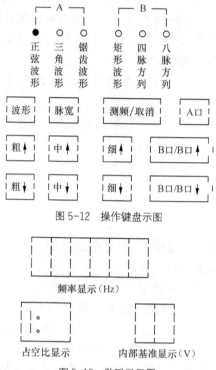

图 5-12　操作键盘示图

图 5-13　数码显示屏

b. 输入、输出接口：模拟信号（包括正弦波、三角波和据齿波）从 A 口输出；脉冲信号（包括矩形波、四脉方列和八脉方列）从 B 口输出；

c. 开机后的初始状态：选定为正弦波形，相应的红色 LED 指示灯亮；输出频率显示为 1kHz；内部基准幅度显示为 5V。

d. 按键操作：包括输出信号的选择、频率的调节、脉冲宽度的调节、测频功能的切换等操作（对照图 5-12）。

d1 按 "A 口"、"B 口/B↑或 B 口/B↓"，选择输出端口。

d2 操作 "波形"、"A 口" 及 "B 口/B↑（或 B 口/B↓）"键，选择波形输出，六个 LED 发光二极管将分别指示当前输出信号的类型。

d3 在选定矩形波后，按 "脉宽"键，可改变矩形波的占空比。此时，图 5-13 中的用以显示占空比的数码管将依次显示 1:1，1:3，1:5，1:7。

d4 按 "测频/取消"键，本仪器的频率显示窗便转换为频率计的功能。

即图 5-13 中的六只频率显示数码管将显示接在面板 "信号输入口" 处的被测信号的频率

值（"信号输出口"仍保持原来信号的正常输出）。此时除"测频/取消"键外，按其他键均无效；只有再按过"测频/取消"键，撤销测频功能后，整个键盘才可恢复对输出信号的控制操作。

d5 按"粗↑"键或"粗↓"键，可单步改变（调高或调低）输出信 号频率值的最高位。

d6 按"中↑"键或"中↓"键，可连续改变（调高或调低）输出信号频率值的次高位。

d7 按"细↑"键或"细↓"键，可连续改变（调高或调低）输出信号频率值的第二次高位。

e．输出幅度调节

e1 A 口幅度调节顺时针旋转面板上幅度调节旋钮，将连续增大输出幅度；逆时针旋转面板上幅度调节旋钮，将连续减小输出幅度。幅度调节精度为 1mV。

e2 B 口幅度调节按 B 口/B↑键将连续增大输出口幅度；按 B 口/B↓键将连续减小输出口幅度。

（7）指针式交流电压表的使用与特点

开启电源总开关，本单元即可进入正常测量。测量电压范围为：0～450V，分五个量程挡：30V、75V、150V、300V、450V，用琴键开关切换。在与本装置配套使用过程中，所有量程档均有超量程保护和告警，并使控制屏上接触器跳闸的功能，此时，本单元的红色告警灯点亮，实验屏上的峰鸣器同时告警。在按过本单元的"复位"键后，蜂鸣告警停止，本单元的告警指示灯熄灭，电压表即可恢复测量功能。如要继续实验，则需再次启动控制屏。

（8）指针式交流电流表的使用与特点

电流测量范围为：0～5A，分四个量程挡：0.25A、1A、2.5A 和 5A，用琴键开关切换。其他使用与特点均同指针式交流电压表。

（9）直流数显电压表的使用

电压测量范围为：0～1000V，分四个量程挡：2V、20V、200V 和 1000V 四挡，用琴键开关切换，三位半位数码管显示，输入阻抗 10MΩ，测量精度为：0.5 级，有过电压保护功能。

（10）直流数显毫安表的使用

电流测量范围为：0～200mA，分三个量程挡：2mA、20mA 和 200mA 三挡，用琴键开关切换，三位半数码管显示，测量精度为 0.5 级，有过电流保护功能。

（11）直流数显安培表的使用

电流测量范围为：0～5A，三位半数码显示，测量精度为 0.5 级，有过电流保护功能。

（12）受控源 CCVS 和 VCCS 的使用

开启带灯电源开关，两个 CCVS、VCCS 受控源即可工作，通过适当的连接（见实验指导书），可获得 VCVS 和 CCCS 受控源的功能。此外，还输出±12V 两路直流稳定电压，并有发光二极管指示。

5．PF9811 智能电量测试仪

PF9811 是一款功能强大，机箱小巧的经济型智能电量测量仪，除基本的工频电参数测量功能，还具备电流、功率上下限设定和报警功能，并具备锁存功能。

板面介绍，如图 5-14、图 5-15 所示。

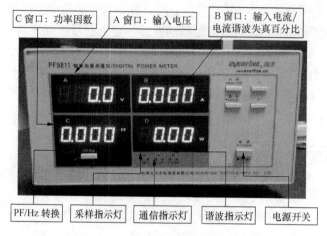

图 5-14 实物图一

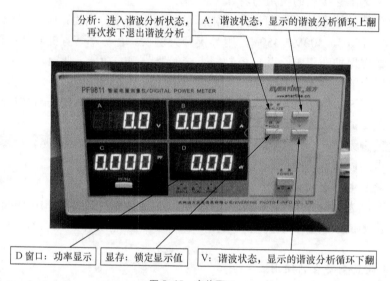

图 5-15 实物图二

PF9811 操作步骤如下。

（1）连接好电源线

仪器的使用电压为 220±20V，确保供电电源在本仪器的额定电压范围内，并确保仪器良好接地。

（2）连接测试线路

按图 5-16 所示连接被测负载，并确保电压，电流在仪器测量范围内

（3）**打开电源**

打开电源后将会显示开机信息，之后仪器进入测量状态。

（4）基本测量功能

各窗口显示电压 V、电流 A、功率因数 PF、功率 W、频率 Hz 等参数

（5）测量灯具电参数

用变频电源输入，连接测试夹具，调节变频电源输入相应数值，把灯具装在夹具上，打

开测试开关，读取窗口的数据。

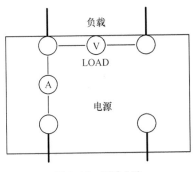

图 5-16 测试电路

（6）注意事项

环境温度和湿度范围：5～40℃，20%～80%R.H

预热时间：约 30 分钟

供电电源：220±20V，频率：50Hz/60Hz

6．GDM-8135 数字式万用

（1）板面示意如图 5-17 所示。

（2）使用说明：

① 把电源线插到电源插座上。

② 打开电源开关。

③ 把信号源插入对应的输入端。

④ 按功能键选择需要的功能。

⑤ 选择合适的挡位。

⑥ 在显示面板上读出数字。

（3）补充：如果直接测导线或者其他物体的导通性，可把物体的两端插入导通测试管道，如果发出蜂鸣声便是导通。

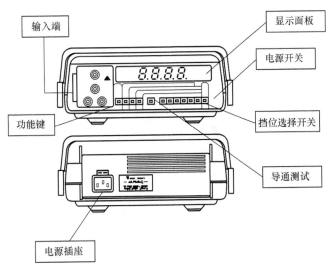

图 5-17 面板示意图

在电路实验中，经常要测量各种电路参数。由于各参数的性质不同，所以，在选择测量仪器和测量方法时也有所不同。目前，实验室普遍使用的测量仪器有万用表、交流毫伏表、示波器和钳形电流表等。以下将针对这些常用仪器，介绍一些基本电量的测量方法。

第一节 电压的测量

一、直流电压

1．用万用表测量

用指针式万用表（以 MF10 型为例）测量时，先检查表针是否指示零位，如偏离零位时，可用螺丝刀调节表头上的机械调零旋钮。将黑表笔插入或"*"或"－"插孔，红表笔插入"+"插孔，功能选择开关置直流电压挡 <u>V</u> 的合适量程，表笔并联接在被测元件两端或待测电源、负载上，便可由表头读出被测直流电压值的大小。

用数字万用表（以 MY61 型为例）测量时，将黑表笔插入"COM"插孔，红表笔插入"VΩ"插孔，功能选择开关置直流电压量程挡"V"的合适量程，便可在显示屏上显示出被测直流电压的大小。如被测值前有"－"号，表示黑表笔测试端为高电位，红表笔测试端为低电位。反之，显示值前无"－"号。

注意：

① 在无法预知被测电压大小时，为防止打坏表针，应选择最大量程挡，然后再调整到合适量程上测量。不可带电转换量程开关。

② 数字表测量时，如显示屏只显示"1"，则表示超量程，应增大量程范围。

2．用示波器测量（以 GOS-620 双踪示波器为例）

测量前，将示波器垂直工作方式置于交替（ALT），扫描方式置于自动（AUTO），使荧光屏上显示两条扫描基线，调节示波器 Y 轴灵敏度的微调旋钮，将其旋置校准状态，按以下步骤测量。

（1）将垂直输入耦合开关置于"⊥"位置，然后根据被测电压极性，调节垂直位移旋钮，使扫描基线位于合适的位置，以此基线作为零电平基准线。

（2）将垂直输入耦合开关置于"DC"位置。

（3）将被测电压经探头接入示波器 Y 轴输入端，从荧光屏上读出此时扫描线偏离零电平

基准线的垂直距离 H(cm)，如图 6-1-1 所示，以及示波器 Y 轴灵敏度挡位的指示值 S_Y(V/cm)。则被测直流电压为：

$$被测直流电压（V）=H（cm）\times S_Y（V/cm）$$

如果探头衰减切换开关置于 10 的位置，则被测直流电压为：

$$被测直流电压（V）=H（cm）\times S_Y（V/cm）\times 10$$

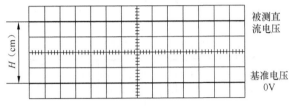

图 6-1-1　示波器测量直流电压

二、交流电压

1. 用万用表测量

无论用指针式万用表或数字万用表测量时，其表笔接法均同上，将功能选择开关置交流电压挡"V～"的合适量程，即可测出被测交流电压值。

注意：万用表测交流电压时，被测电压的频率范围应在 40～400Hz 之间，高于此范围时，测量误差将很大，应改用交流毫伏表测量。另外，测得的电压值是被测交流电压的有效值。

2. 用示波器测量

（1）用示波器测量交流电压的峰峰值（Vp-p）。其测量方法如下。

① 将垂直输入耦合开关置于"AC"位置。

② 调节示波器 Y 轴灵敏度的微调旋钮，将其旋置校准状态。

③ 将被测电压经探头接入示波器 Y 轴输入端，根据被测电压的幅度和频率，适当改变 Y 轴灵敏度和扫描时间的挡位。

④ 调"触发电平"旋钮，使波形稳定，如图 6-1-2 所示。

⑤ 读出荧光屏上被测波形峰峰值的坐标刻度 A（cm）、Y 轴灵敏度挡位的指示值 S_Y（V/cm），则被测交流电压的峰峰值为：Vp–p$=A$（cm）$\times S_Y$（V/cm）；如果探头衰减切换开关置于 10 的位置，则被测交流电压的峰峰值为：Vp–p$=H$（cm）$\times S_Y$（V/cm）$\times 10$。

如被测信号是正弦波，则根据有效值与峰峰值的关系，可计算出被测交流电压的有效值为：

$$有效值 V = Vp-p / 2\sqrt{2}$$

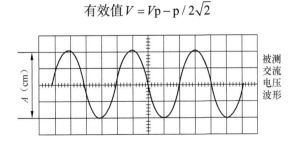

图 6-1-2　示波器测量交流流电压的峰峰值

（2）用示波器测量交流电压的瞬时值。

如要测量的交流电压是含有直流分量的某点的电压瞬时值时，其测量方法如下。

① 将垂直输入耦合开关置于"⊥"位置，调整扫描基线，确定零电平基准线。

② 将垂直输入耦合开关置于"DC"位置。

③ 其他步骤同上，读出荧光屏上被测点与零电平基准线间的坐标刻度 B（cm）、Y 轴灵敏度挡位的指示值 S_Y（V/cm），如图 6-1-3 所示，则可算出 R 点的电压瞬时值为：$v_R = B$（cm）$\times S_Y$（V/cm）

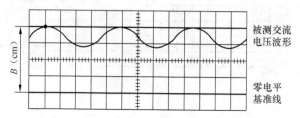

图 6-1-3　示波器测量交流流电压的瞬时值

3．用交流毫伏表测量（AS2173 型交流毫伏表为例）

交流毫伏表测量的是正弦交流电压的有效值。其测量方法如下。

（1）开机前，调节机械调零旋钮，使指针指示零位。

（2）按被测电压的大小选择合适的量程，使指针偏转至满刻度的 2/3 以上区域。如不能预知被测电压的大小，应将量程调到最大挡，然后再逐渐减小。

（3）接入被测电压，根据量程的挡位按对应的刻度线读数。例如，选择 3V 量程，应在刻度盘上读满刻度为 3 的刻度，此时，如果指针指在 2 的位置，则被测交流电压的有效值即为 2V。

第二节　电流的测量

一、直流电流

实验中，通常用万用表来测量直流电流。

用指针式万用表测量时，与测量直流电压的方法一样，先进行机械调零。然后将黑表笔插入"－"插孔，红表笔插入"+"或"*"插孔，功能选择开关置直流电流挡的合适量程，表笔串联接入被测负载回路里，便可由表头读出被测直流电流值的大小。

用数字万用表测量时，将黑表笔插入"COM"插孔，当测量最大值为 200mA 以下的电流时，红表笔插入"mA"插孔；当测量最大值为 20A 的电流时，红表笔插入"A"插孔。功能选择开关置直流电流"A"的合适量程挡，表笔串联接入被测负载回路里，电流值显示的同时，将显示红表笔极性。

注意：参看直流电压测量"注意"。

二、交流电流

（1）用指针表或数字表测量时，其方法与测直流电流基本相同，只是将功能选择开关置交流电流挡"A～"的合适量程。

（2）用钳型电流表测量

实验室使用的钳形表为 A3380 系列数字钳形多用表。可用于测量交直流电压、交流电流、电阻、通断、频率、温度、二极管等。一般常用其测量正在运行的电气线路的交流电流值。测量步骤如下。

① 将功能开关置于交流电流量程"A～"挡位。

② 按下板机张开钳口，卡入被测导体。

注意：必须是一根单独的导体，如果卡入两根或两根以上的导体，测量将无效。

③ 为保证测量精度，被测导体应尽量位于钳口中心位置。

④ 读取液晶显示器上的被测电流值。如 LCD 最高位显"1"，说明超量程，应调高挡位。

注意：

① 交流电流测量的最大量程为 600A，为避免损坏仪表，请不要进行超量程值的测量。

② 如果无法预知被测电流的大小，应将功能选择开关置于"600 A"挡，再逐步调低。

三、示波器测量物理量

实验室通常采用示波器来测量被测信号的时间。

1．周期测量

（1）测量前，先将示波器扫描速度微调置于校准位置。

（2）接入被测信号，调节 X 轴扫描速度及 Y 轴灵敏度的挡位，使波形的高度和宽度合适。

（3）适当调节 X 轴及 Y 轴的位移旋钮，以及触发电平旋钮，将波形稳定的显示在荧光屏中心位置。

（4）读一个完整周期的水平距离 D（cm），以及 X 轴扫描速度挡位的指示值（t/cm），如图 6-2-1 所示。则被测信号的周期为：

$$T=D（cm）\times 扫描速度挡位的指示值（t/cm）$$

如果示波器的扩展×10 旋钮被拉出，则被测信号的周期为：

$$T=D（cm）\times 扫描速度挡位的指示值（t/cm）\div 10$$

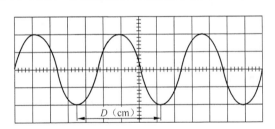

图 6-2-1　用示波器测量信号的周期

2．频率测量

对于周期性信号的频率测量，可以采用频率计和示波器进行测量。以下仅介绍示波器测量法。

（1）用测周期法测量

由于信号的频率为周期的倒数，因此，可用上述测周期的方法先测出信号周期，然后换算出频率。

（2）用李沙育图形法测量

① 将"X—Y"旋钮按下，使示波器处于"X—Y"工作方式。此时，CH1 通道为 Y 轴输入端子，CH2 通道为 X 轴输入端子。

② 将被测信号 f_Y 接 Y 通道（CH1），已知的且频率可调的标准频率信号 f_X 接 X 通道（CH2）。

③ 调节已知信号频率 f_X，使 f_Y：$f_X=1$：2 时，荧光屏上显示波形如图 6-2-2 所示。f_Y 与 f_X 之比不同，李沙育图形的形状也不同。

④ 在荧光屏上作两条相互垂直的直线 X 和 Y，且分别与李沙育图形相切，则李沙育图形与直线 X、Y 的交点数目之比，即是两信号频率之比。即

$$\frac{f_X}{f_Y}=\frac{N_Y}{N_X}=\frac{4}{2}=\frac{2}{1}，f_Y=0.5f_X$$

其中：N_X 为水平线与李沙育图形的交点数，$N_X=2$

N_Y 为垂直线与李沙育图形的交点数，$N_Y=4$

在对测量精度要求不高，且被测信号频率低于 20kHz 时，也可以使用数字式万用表来简单地测量信号频率。其测量方法是：将黑表笔插入"COM"插孔，红表笔插入"VΩ"插孔，功能选择开关置"kHz"的合适量程挡，表笔并联接到被测信号两端，即可显示出被测信号的频率值。

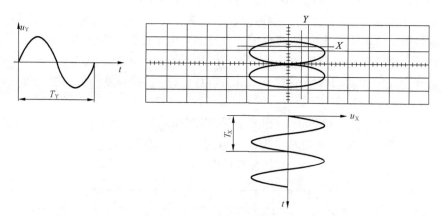

图 6-2-2　李沙育图形测量频率

3. 信号任意两点间的时间测量

在进行电路暂态响应测试实验时，通常要测量电容充、放电的时间常数 τ，其测量方法如下：

（1）按周期测量方法，调节示波器相关旋钮，将波形稳定的显示在荧光屏上，并将扫描速度微调置于校准位置。如图 6-2-3 所示。

（2）取充电过程测量 τ 值。

（3）首先在荧光屏上读出稳态值 $u_C（\infty）$ 的坐标刻度 H（cm），算出 $0.632\times H$ 的值对应的坐标刻度 L（cm），在纵轴上找到该值对应的点，通过该点做水平线与响应波形相交于 A 点，再通过 A 点做垂线和横轴相交，读出水平距离 T（cm），以及 X 轴扫描速度挡位的指示值（t/cm），则时间常数 τ 为：

$$\tau=T（cm）\times 扫描速度挡位的指示值（t/cm）$$

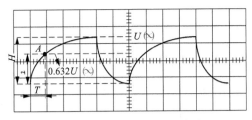

图 6-2-3　用示波器测量时间常数 τ

4．相位的测量

测量相位，通常是指两个同频率的信号之间相位差的测量。以下介绍如何用示波器测量相位差。

方法一：（1）将示波器的显示方式置"交替"挡位。

（2）为了获取频率相同但相位不同的两个被测信号 U_i 和 U_R，可采用图 6-2-4 所示的 RC 移相电路。将信号发生器的输出调至频率为 1kHz、幅值为 2V 的正弦波，U_i 和 U_R 分别与示波器的 CH1 和 CH2 输入端相连。为便于稳定波形，比较两波形相位差，应使内触发信号取自被设定作为测量基准的 U_i 信号。

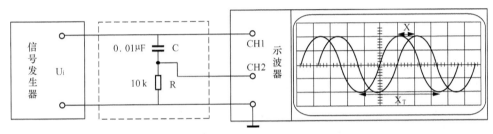

图 6-2-4　两波形间相位差测量电路

（3）调节 CH1 和 CH2 通道的 Y 轴灵敏度开关位置，在荧屏上显示出易于观察的两个相位不同的正弦波形 U_i 及 U_R，如图 6-2-4 所示。读出两波形在水平方向的差距 X（cm），及基准信号 U_i 一个周期在水平方向的长度 X_T(cm)，即可计算出两波形的相位差 φ 为：$\varphi = \dfrac{X}{X_T} \times 360°$

方法二：

利用李沙育图形法，也可以测量出两个频率相同而相位不同的正弦波相位差。

（1）将"X—Y"旋钮按下，使示波器处于"X—Y"工作方式。此时，CH1 通道为 Y 轴输入端子，CH2 通道为 X 轴输入端子。

（2）将方法一中的两个被测信号 U_i 和 U_R，分别加到示波器的 Y 轴和 X 轴输入端，此时，荧光屏上将显示出如图 6-2-5 所示的图形。

（3）根据+X 轴（或+Y）上截距 X_1（或 Y_1）与幅值 X_m（或 Y_m）之比，可计算出 Y 轴上所加信号与 X 轴上所加信号之间的相位差 φ 为

$$\varphi = \arcsin(\pm \frac{Y_1}{Y_m}) = \arcsin(\pm \frac{X_1}{X_m})$$

注意：此方法只能测相位差的绝对值，至于超前与滞后的关系，应根据电路工作原理进行判断。

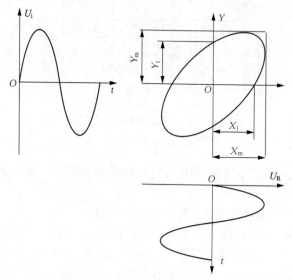

图 6-2-5　用李沙育图形法测相位差

四、功率的测量

测量功率时，通常采用智能型功率表。在使用时，将表中的可动线圈作为电压线圈，与分压电阻串联后与负载并联；固定线圈作为电流线圈，与负载串联。具体测量方法如下。

（1）接线时，必须保证电流线圈要与负载串联，电压线圈要与负载并联。

（2）电压线圈与电流线圈的接线柱中各有一个"*"标记，称为极性端。接线时需将极性端连接在一起，并且一定要接在电源端，否则会产生测量误差。如图 6-2-6 所示。

（3）测量中，若功率表指针反偏，可以将接在电压线圈或电流线圈的两根导线对调，再进行测量。

（4）电流线圈的电流及电压线圈的电压都不能超过规定值。

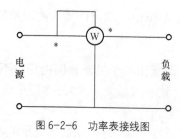

图 6-2-6　功率表接线图

实验成绩_____

综合设计型实验设计报告

电工电子实验中心

实验名称 _____

专　　业 _____班级 _____

组长姓名 _____学号 _____

成员姓名 _____学号 _____

成员姓名 _____学号 _____

指导教师 _____

实验时间 _____

提交时间 _____

一、实验任务

二、实验设备

三、实验设计方案

  1. 实验摘要

2. 实验原理

3. 实验内容

4. 实验计划

5. 实验步骤

6. 实验仿真

四、数据处理及结果分析

五、指导教师意见

指导教师 签字

日期：　　　　年　　月　　日

参 考 文 献

[1] 秦曾煌. 电工学. 5 版. 北京：高等教育出版社，1999.

[2] 殷瑞祥，罗昭智，朱宁西. 电路基础. 广州：华南理工大学出版社，2004.

[3] 阎石. 数字电子技术. 4 版. 北京：高等教育出版社，1997.

[4] 童诗白. 模拟电子技术基础. 2 版. 北京：高等教育出版社，1997.

[5] 王久和. 电工电子实验教程. 北京：人民邮电出版社，2004.

[6] 杨乃琪，魏香臣. 电工技术实验指导. 成都：西南交通大学出版社，2011.

[7] 赵承荻. 电工技术实验与实训. 北京：高等教育出版社，2001.

[8] 刘建军. 电工实验. 武汉：武汉理工大学出版社，2009.

[9] 王硕禾、魏英静、刘宁宁. 电工电子技术实验与实训指导. 北京：中国电力出版社，2009.

[10] 郑步生，吴渭. Multisim 2001 电路设计与仿真入门. 北京：电子工业出版社，2004.

[11] 尹勇，李林凌. Multisim 电路仿真入门与进阶. 北京：科学出版社，2005.

[12] 赵春华，张学军. Multisim9 电子技术基础仿真实. 北京：机械工业出版社，2007.

[13] 娄娟. 电工学实验指导书. 2 版. 北京：中国电力出版社，2012.

[14] 李翠英. 电工与电子技术实验指导书. 北京：中国水利水电出版社，2008.

[15] 张延锋，李春茂. 电工学实践教程. 北京：清华大学出版社，2006.

[16] 郭爱莲，李桂梅. 电工电子技术实践教程. 北京：高等教育出版社，2004.